神秘问卷

Mysterious Books

朱亚 著

人民东方出版传媒
東方出版社

图书在版编目（CIP）数据

神秘问卷 / 朱亚 著 . —北京：东方出版社，2020.5
ISBN 978-7-5207-1139-5

Ⅰ. ①神…　Ⅱ. ①朱…　Ⅲ. ①心理测验—通俗读物　Ⅳ. ① B841.7-49

中国版本图书馆 CIP 数据核字（2019）第 181998 号

神秘问卷
（SHENMI WENJUAN）

作　　者：朱　亚
责任编辑：李　烨
出　　版：东方出版社
发　　行：人民东方出版传媒有限公司
地　　址：北京市朝阳区西坝河北里 51 号
邮　　编：100028
印　　刷：北京联兴盛业印刷股份有限公司
版　　次：2020 年 5 月第 1 版
印　　次：2020 年 7 月第 2 次印刷
开　　本：889 毫米 ×1194 毫米　1/32
印　　张：10.75
字　　数：215 千字
书　　号：ISBN 978-7-5207-1139-5
定　　价：68.00 元
发行电话：（010）85924663　85924644　85924641

目 录
Contents

第一章

我恐怕不爱孩子

【阅前测试】

一、请凭直觉回答：你爱你的孩子吗？

□ A. 爱　　　　　　□ B. 不爱

当你选定答案后，请在本页空白处签名。立此字据，代表你接下来说的每一句话都是事实。

________（签名处）

假如你没有孩子，请凭直觉回答：你的父母爱不爱你？

□ A. 爱　　　　　　□ B. 不爱

当你选定答案后，请在本页空白处签名。立此字据，代表你接下来说的每一句话都是事实。

________（签名处）

二、如果你自认为爱你的孩子，那么，我们来做个游戏——有了孩子以后，你都发生了哪些改变？（请在对应的□内打√）

□ 1. 我以前从不看育儿方面的书籍。自从有孩子以后，我每年至少看十本关于儿童成长的书。

□ 2. 我以前从不关心国家的教育体制。自从有孩子以后，我认真梳理并列举出我们国家现行教育体制的十大优点和十大弊病。

□ 3. 我以前旅行从不去当地的学校参观。自从有孩子以后，我每年必须考察一所全球或者全国知名的大学 / 中学 / 小学 / 幼儿园。

□ 4. 我以前经常熬夜，周末基本用来加班。自从有孩子以后，我从未在周末去办公室加过班，每个周末都用来陪爱人、陪孩子。

□ 5. 我以前从不做饭，衣来伸手饭来张口。自从有孩子以后，我每周至少为孩子做三顿饭。

□ 6. 我以前花钱总是大手大脚，不知节俭。自从有孩子以后，为了给孩子提供更好的物质条件，我总是严格控制自己的开支。

□ 7. 我原来的工作很清闲，但赚得不多。自从有孩子以后，我辞去了清闲的工作，甚至改变了行业，为了赚更多钱，我不惜从零学起，直面更大的挑战。

□ 8. 我以前经常夜里出去打牌，甚至夜不归宿。自从有孩子以后，我从未夜里出去打牌，从未在晚上 10 点钟之后回家。

□ 9. 我以前从不关心保险，毫无保险意识，但自从有孩子以后，我研究了三家以上保险机构，为孩子和家人都购买了合适的保险。

□ 10. 我以前经常大吵大闹，总是控制不住情绪。自从有孩子以后，我的性格发生了 180° 大转变，我变得温文尔雅、友爱和善。

□ 11. 我以前经常跟爱人吵架，为一点小事就闹得不可开交。自从有孩子以后，我发自内心地体谅对方的不易，我可以做到半年不跟爱人吵一次架。

□ 12. 我以前从不做家务，家里总是乱七八糟。自从有孩子以后，为了给孩子提供更愉悦的生活环境，也给孩子树立好榜样，我每周至少拖两次地，洗两次衣服，将全屋收拾整理两次。

□ 13. 我以前从不在意自己的形象，邋里邋遢。自从有孩子以后，我反倒更在意自己的外表，总是衣着整齐、妆容得体，总是能让孩子觉得我状态很好，精神饱满。

□ 14. 我以前毫不在意自己的兴趣。自从有了孩子，在帮孩子发现、发展兴趣爱好的同时，我也培养了一到两个深度爱好，这让我有可能成为一个非常有趣、非常讨孩子喜欢的人。

□ 15. 我以前说话总是很难听，很多人批评我刻薄、毒舌，我不但毫不在意，还经常以此为荣。自从有孩子以后，我开始注意自己的言行，并由衷地赞美别人、鼓励别人，家人总是因为我的话而感到欣慰、充满动力。

□ 16. 我以前经常为一点小事跟陌生人吵架，如我会因商贩缺斤少两发脾气，我会因陌生人挡了我的车骂他。自从有了孩子，我再没跟陌生人吵过架，因为我意识到，少闯一次祸，就多一分安全。为了孩子，我无时无刻不在保护自己的生命。

□ 17. 我以前经常撒谎，对爱人撒谎、对父母撒谎、对同事撒谎。自从有了孩子，因为我经常教育孩子要诚实，所以我也变成了一个诚实的人。现在的我，无论对谁，无论何时，说的每一句话都是真话。

□ 18. 我以前经常顶撞老人，经常对老人失去耐心。自从有了孩子，因为我不希望我的孩子像我对待老人一样对待以后的我，我变得非常有耐心，每个季度都会给他们买衣服或其他需要的东西，每周都会跟他们通电话，尽量陪伴他们，并且再也不对他们发脾气。

□ 19. 我以前从不锻炼身体，总是牺牲健康去换取物质。自从有了孩子，在养育他的同时，我明白了身体乃万事之本，我开始健身，开始散步。

□ 20. 我以前是一有时间就窝在家里看电视、刷手机。自从有了孩子，我已经完全不看电视，用手机也只是处理一些必要的事情，我已经彻头彻尾从一个“低头族”变成了昂首挺胸的“抬头族”。

请问，身为父母的你，总共做到了多少条？它们分别是：

第____条；

第____条；

第____条；

第____条；

第____条；

……

请你的家人给你签个字，证明你做到了。

______________（爱人签名处）

______________（爱人签名处）

所以，你真的特别爱你的孩子吗？请再次确认并签名：

□ A. 爱　　　　　　□ B. 不爱

______________（爱人签名处）

三、来，继续，你不是说爱你的孩子吗？如果你没有说谎，那么以下 30 件事，你愿意选择其中几件来做？一旦选了，就必须保证自己坚持做下去！

□ 1. 戒烟，为了让自己活得更久。

□ 2. 戒酒，保证永不在孩子面前撒酒疯。

□ 3. 努力挣钱，让孩子长大后可以为理想奋斗而不是为生计奔波。

□ 4. 学习法律，保证自己不犯罪，一辈子不进监狱。

□ 5. 少看电视。估算一下，如果把躺在沙发上看电视的时间用来陪孩子，一年可以多跟他 / 她在一起多少个小时？

□ 6. 尽量不加班。加班的目的是什么？让孩子过上更好的生活，那么现在就让他 / 她过上更好的生活吧。

□ 7. 学习医学书籍。自救者天救，保证自己（也教会他 /

她）掌握几种必要的意外应对与极限求生的技能。

□ 8. 和他 / 她一起学习一项体育项目，游泳、跆拳道、篮球、足球、冰球……一定不要在旁边看，不是低头玩手机，重点是“一起”，他 / 她学，你也学。

□ 9. 和他 / 她一起学习一门艺术，钢琴、画画、街舞、萨克斯……随便什么，只要他 / 她喜欢就行。艺术滋养灵魂，这样至少可以保证将来如果某一天你不在了，他 / 她不会感到彻头彻尾的孤独，因为他还有艺术的陪伴。

□ 10. 坚决不把孩子交给保姆或者老人带。保姆可以不爱你的孩子，因为那不是她生的；而老人可能会溺爱你的孩子。作为父母，你把孩子带到这个世上，就必须竭尽全力地呵护他 / 她、爱他 / 她。

□ 11. 学习英语，陪他走遍世界。征服过高山的人可以睥睨平原，看过传奇的人才可能活成传奇。为此，请努力让孩子成为一个见过世面的人，而不是圈养在课堂里的人。

□ 12. 在他 / 她 17 岁之前，考察完 30 所世界排名前 200 的大学。一个人要做出最好的选择，首先要有最好的选项，而父母就是给他提供选项的人。

□ 13. 每天读纸质书一小时，一小时而已。如果没有时间，可以尝试在地铁上看电子书，可以尝试跑步时听音频书。

□ 14. 每天陪孩子阅读半小时。最好是睡前，读一本书，然后躺下来，跟孩子聊聊天。

□ 15. 不赌博。很多家长，自己在麻将馆里打麻将，却要求孩子回家写作业！

□ 16. 每周至少为孩子做三顿饭，好让他 / 她长大后无论走到哪里，记忆里都有一种味道——“家的味道”。

□ 17. 坚持给孩子写成长日记。孩子的成长日记，也是你的成长日记。因为写日记的每一天，你都是在跟孩子一起学习、一起进步。比如，写《特别爱子日记》。

□ 18. 永不对他 / 她说谎。你对他 / 她说谎，将来他 / 她就会对你说谎，说不定还会对老师说谎、对领导说谎、对他 / 她将来的孩子也就是你的孙子说谎。

□ 19. 和他 / 她一起租种一块菜地。在泥地里打滚，在泥地里播种，在泥地里收成。这对孩子来说，就是最直观的“成功学”教育。

□ 20. 如果你很有钱，以他 / 她的名字建立一个慈善基金，帮助需要帮助的人，如流浪汉、精神病患者、留守儿童、艾滋病人，等等。

□ 21. 改善自己的一个性格缺点或者改掉一个坏习惯，如自卑、社交恐惧、暴脾气等。

□ 22. 不乱扔垃圾，无论是在偏远的无人区还是纽约的五星级酒店里。

□ 23. 国内出差不过夜，尽量当天去当天回。

□ 24. 搜寻十组中国最成功的家庭教育案例，对照你的不足，并写下你将如何提升。

□ 25. 无论发生什么事，绝不当着孩子的面大吵大闹。

□ 26. 孩子跟你说话时，立刻放下手中的事情，蹲下身来，看着他 / 她的眼睛。

□ 27. 不要当着孩子的面埋怨你的爱人，这会让他 / 她全部学了去。

□ 28. 每个月坚持读一本教育学书籍，直到孩子大学毕业。

□ 29. 每周抽出一天做一件事，就是少于三次对孩子说“不”，如“不许”“不行”“不可以”“不好看”“不好玩”“不好吃”“不舒服”“不要”“不能”“不哭”……能不说尽量不说。

□ 30. 永远言出必行，如以上 29 条，你选了哪几条？现在立刻就去执行。

上述 30 条，作为父亲 / 母亲，你愿意选择哪几条来为你的孩子做？它们分别是：

第____条；

第____条；

第____条；

第____条；

第____条；

……

请签名：______________

你爱人呢？他（她）愿意选择哪几条来做？分别是：

第____条；

第____条；

第____条；

第____条；

第____条；

……

请签名：______________

当然，正在看这部分的你，也可能没有孩子。不要紧，即使你没有孩子，但你自己曾经也是个孩子，现在仍然是你父母的孩子。那么：

1. 请以你对父母的了解，把第一、二、三题做一遍。

2. 请以你对父母的了解，第二题，你认为他们在你整个成长过程中，发生了多少个改变？

答案是：______________________________

3. 以你对父母的了解，第三题，你认为他们在你整个成长过程中，为你做到了多少条？

答案是：______________________________

4. 你有没有勇气，把这篇文章拿给父母看？

☐ A. 有　　☐ B. 没有

5. 你认为父母会为了你把这篇文章认真看完吗？

☐ A. 会　　☐ B. 不会

6. 你认为父母看了这篇文章以后会：

☐ A. 大骂“胡扯”　　☐ B. 冷笑　　☐ C. 给你道歉

☐ D. 大哭一场

那么，你更有必要把这部分文章拿给你父母看。

请在本页写下你父母看完后的反应。

我父亲看完时的反应：

我母亲看完时的反应：

请在此写下你看到父母反应时的感受。

我看到父亲反应时的感受：

我看到母亲反应时的感受：

请在此写下你对父母的评价。

我对父亲的评价：

我对母亲的评价：

还有一种情况，就是你没有孩子，但有结婚对象，你们将来也准备养育自己的孩子。那么，请和你的爱人讨论一下，第三题和第四题，你们分别能做到多少条？

讨论结果出来以后，请把你们认为自己能做到的那几条在下面抄写一遍。

第二题，你和爱人能够做到的是：

第__条：____

____

第__条：____

____

第__条：____

____

第__条：____

____

第__条：____

____

第__条：____

____

第__条：____

____

第三题，你和爱人能够做到的是：

第__条：________________________________

____

第__条：________________________________

____

第__条：________________________________

____

第__条：________________________________

____

第__条：________________________________

____

第__条：________________________________

____

第__条：________________________________

____

请你把它们抄下来的目的，是将来孩子满 18 岁的时候，你可以拿给他 / 她看，到时候让他 / 她一一对照，检测你和你爱人究竟有没有做到。

第一节　关于孩子的常识

以下是一些关于爱孩子的常识，看看你知道多少。常识，指在生活中常见的，人们应该了解的知识。如果一个人连爱孩子的常识都没有，怎么可能会爱孩子呢？以下内容是心理学家西格蒙德·弗洛伊德、阿尔弗雷德·阿德勒、卡尔·荣格、卡伦·霍妮、拉康·雅克等人通过近100年的研究所达成的共识。所以，阅读下文时，你最好不要持“不认同、不接受”等态度，只需要想想自己对孩子有哪些没做到，你的父母对你又有哪些没做到。

一、幸福的常识

1. 一个人的童年决定他一生是否会幸福。在0—6岁阶段，他对世界的认知，对自己的认知，对家庭的认知，会被原生家庭影响并成型。中国有句老话“三岁看八十”，孩子在0—6岁时期，如果不能得到父母足够、正确的爱，他对世界，对自己的认知将会出现严重的偏差。假如他能活到90岁，余生的八十多年他都在为0—6岁所形成的认知埋单。他会出现各式各样的心理问题，如低价值感、抑郁、自我放弃、受虐倾向等。当然，如果0—6岁阶段出了问题，这个人很可能50岁都活不到。

2016年，武汉火车站的一家面馆里，一个到武汉打工的20来岁的小伙子因一碗素粉的价格与老板发生口角，最后砍下了面馆老板的头。正是因为他小时候被父母瞧不起、冷落，内心有无比强大的怨念，他认为所有人都欺负他、瞧不起他，这个世界是可恶的。刚好面馆老板对他进行打骂，彻底点燃了他积蓄已久的复仇、毁灭的欲望。于是他进厨房拿刀杀了老板。很明显，这个孩子一辈子都无法过上正常的生活（据悉他有精神病，不会判死刑）。

还有当年的马加爵，贫穷让他感到自卑，感到深受歧视，造成了心理扭曲，他认为所有人都会欺负他。于是他连续杀害了多名同学，于 2004 年被执行死刑。

2. 很多父母为了自己的面子，过早对孩子进行知识训练，如让孩子 3 岁学算数、4 岁背唐诗、5 岁背圆周率。0—6 岁的儿童大脑并没有发育完全，他们需要用四肢、眼睛、嘴巴、鼻子等身体各部位去感受这个世界。如果过早教他相对抽象的知识，孩子会因感知不够而变得无趣、木讷、毫无想象力。更严重的是，他会认为自己学的东西已经“够了”，从而丧失对事物的好奇心，没有好奇心也就没有学习的动力。最终成为一个极其平庸、极其无趣的人。

我的助手小赵就是这样，生长在一个教师世家，又是第一个孩子，被家人寄予“厚望”。背唐诗、学画画、学算术、学书法……小时候确实获得了很多大人的称赞，小小年纪就会那么多东西，而且三四岁时说话已经像一个大人。但是后来，他对任何东西都失去了兴趣，上学后成绩越来越差。

3. 一个人的人格在 0—6 岁时期形成。人格决定了他在往后的生活中是一个怎样的人，又会有怎样的行为。决定这些行为的就是0—6岁时对世界的认知，也就是我们说的潜意识。人的主观意识占5%，剩下的95%都是潜意识。也就是说，人对自己的了解，仅仅占5%，而95%都被潜意识控制（包括爱、恨、恐惧、愤怒等）。所以一个人尽管看起来很自信，却经常出现一些自己都无法理解的毁灭自己的行为。而这种自己浑然不觉的心理动机，就是0—6岁时期的投射。

以我为例，由于家里很多成员都是教师，我从小做什么事都会被批评、被指责、被纠正。我特别自卑，长大后做任何事都害怕别人批评我、惩罚我。在工作中完全没有做成一件事的欲望，很多事都不了了之。我也明白完成一件工作会得到奖金或是升职的机会，可是我就是会不由自主地推脱，因为被别人指责，被骂得一无是处的感觉实在太难受了。工作不积极的结果必然是不讨同事、领导喜欢，我曾经做过的工作几乎都不被领导认可，因为自己根本没有做好、做完的冲动。这其实就是变相地毁灭自己：毁掉自己的前途，毁掉自己的名声。

4. 所谓的心里有病，就是0—6岁形成了不好的认知导致的。小时候被父母冷落、忽视的小孩，会认为自己是多余的，是不值得被爱的，形成低价值感。那么长大后，他会极力讨好身边的每一个人，哪怕牺牲自己。

我有个同事从小被父母冷落，在他0—6岁认知的世界中，所有人都不喜欢他，他必须装乖去讨好他们。这就导致他长大后牺牲自己的健康、牺牲陪妻女的时间去讨好父母、同事、朋友、兄弟姊妹。他太害怕别人不喜欢他了，结果自己的婚姻一塌糊涂，和女儿的关系一塌糊涂，生意场上被别人坑钱。他觉得自己很苦，还不被人理解，经常发火。

5. 父母是孩子的第一任老师，孩子所有的行为都会模仿自己的父母。尤其两性关系，他会不由自主地复制自己的原生家庭。男孩子以父亲为榜样，用父亲对母亲的方式对待自己的妻子；女孩子以母亲为榜样，用母亲对待父亲的方式对待自己的丈夫。

我认识一个空姐，长得特别漂亮。但是，在她的原生家庭中，父母一个是施虐狂，一个是受虐狂。她父亲几乎每天都会打她母亲，有一次还当着她的面用刀在她母亲腿上划下六道口子。这让她对婚姻形成了这样的认知：丈夫对妻子都是不好的，男人就是要打女人。后来她找了几任男朋友，每一个都和她父亲一样虐待她（她承认对不像她父亲的男人没感觉）。有一次和男友出国旅游，在机场吵了一架，那个男人直接把她留在国外的机场自己回国了。

6. 人在 7 岁之前是没有完全掌握语言的。语言是一种约定，一种共识。上学的目的就是与世界达成共识。所以，在 0—6 岁时期，父母是不能通过语言引导孩子的。你跟他说要好好学习，他根本不明白“好”是什么意思，“学”是什么意思，“习”又是什么意思。这个时期孩子是不可能听话的，因为他们根本听不懂。如果你认为他不听话而严厉惩罚、管教他，会让他对自己产生怀疑，从而心理扭曲——他不知道自己做错了什么，父母要这样对待他。他变得胆怯、委屈，长大后也胆小、懦弱。

我奶奶是个校长，从我记事开始她就每天在我耳边念叨“懂事”“爱心”“学本事”“听话”……我每次犯错被打被骂时，都能把她要说的话倒背如流，可是我真不懂什么叫“乖”：最开始以为不哭是“乖”，可是却被骂不帮家里人做事；后来以为帮家里人做事是“乖”，却被骂笨手笨脚……“乖”到底是什么意思？我现在都不明白，可能很多人也不明白。

7. 对于一个 0—6 岁的孩子而言，除父母以外的人都是陌生人，包括爷爷奶奶。如果把孩子交给爷爷奶奶带，交给保姆带，对于他而言就是自己不被父母爱而被抛弃。孩子最爱、最在乎的就是父母，如果孩子觉得父母不够喜欢自己，那他会觉得自己是彻头彻尾的失败者。他会变得自暴自弃，因为父母不要他。并且，小孩必须模仿抚养者的行为来讨好他们，所以他们会学习爷爷奶奶、保姆的言谈举止。

8. 0—6 岁的小孩没有掌握语言能力，他们主要靠视觉、嗅觉、触觉、听觉与身边的人交流。从小跟着爷爷奶奶长大的小孩感觉不到男人、女人应该是什么样的，老人的器官开始衰老，新生细胞少，孩子闻不到荷尔蒙的味道，这有可能会导致孩子出现性别障碍、性变态。

9. 对孩子发火，是一种欺软怕硬的表现。因为孩子（尤其

0—6岁阶段）没有任何反抗能力，他们会记下这个仇恨。当12岁以后，一种可能他会把这种仇恨加倍还给你（人长到12岁，身体已经开始发育，到青春期逐步发育成熟，从身体上来讲，他已经具备外出劳动的能力，可以不再依赖父母获取生存资源），或者将仇恨发泄在更弱的人身上。这就是霸凌、犯罪型人格的形成原因。另一种可能就是特别弱，谁都可以欺负他，因为小时候被父母欺负惯了。

我有个堂弟就属于特别弱的那种，在家被父亲隔三岔五地呵斥、讽刺、打骂，导致他在学校中被欺负了不敢说，被人打也不知道逃跑。

10. 如果对小孩没有耐心，他问什么你都不愿回答或简单粗暴地搪塞过去，如小孩问“为什么海是蓝色，为什么云是白色”，很多家长会简单粗暴地回答：“因为是蓝的，所以是蓝的。”“为什么山西人爱吃醋？”“因为山西人喜欢吃醋。”……这样会让小孩失去问问题的冲动，失去对世界的好奇心，也失去了思考、学习的动力。不允许小孩提问，就轻而易举地把他变成一个不爱动脑子的人。

我就是小时候问的所有问题都被长辈搪塞的小孩。长大后对事情一点都不较真，无论工作还是学习，我完全没有想弄明白一件事的冲动。不爱思考，凡事一分钟就想找到答案。

11. 如果原生家庭中父母关系不好，会让孩子对家庭产生扭曲的认知。他每天生活在紧张、害怕的气氛中，并且认为婚姻就是这样的，生活就是这样的。长大后害怕婚姻，害怕组建家庭，甚至他的整个人生都充满绝望，因为他0—6岁所认识到的生活就是无爱的、紧张的、绝望的。

我有一个堂弟，他的父母关系非常不好，三天两头打架，甚至可以两人吵一次架一个月不说一句话。后来他父亲出轨，与母亲离婚。从小生活在这种紧张的家庭氛围中，长大一点后父母又离婚，致使他自暴自弃，不愿意努力，不愿意好好生活下去。在22岁的时候，他平静地结束了自己的生命。

12. 如果父母不希望改变自己，却希望孩子进步，会让孩子认为父母是骗子。自己好吃懒做却对孩子说“我这样不对，你别学我”。言传不如身教，不准孩子看动画片，自己每天看电视剧；不准孩子玩游戏，自己天天打麻将。并给自己找一个非常漂亮的借口——“我这辈子就这样了”，孩子会原封不动地把父母的恶习学会，包括这句话。

13. 越愚蠢的家长在孩子面前越想有权威，越希望孩子听话。他在外面说话没人听他的，而孩子没有任何反抗能力，他只能在孩子面前找存在感。相反，越优秀的家长越知道尊重孩子。在孩子面前当权威的家长很多都是社会上的失败者，他们在外人面前，在工作中没有任何存在感，也没有任何发言权，只能在相对的弱者面前充当权威，而孩子在父母面前是绝对的弱者，他们终于能找到一个拥有绝对发言权的地方——孩子面前。其实，父母在孩子面前充当权威，仅仅只是用这种方式掩盖自己混得很差的事实，以达到保护自己尊严的效果。

我有个姨父就是这种人，他是一个非常普通的高中老师，可每天都会在儿子面前摆出一副“天上懂一半，地上全懂”的架势，每天指挥儿子怎么学习：我活了那么多年肯定比你有经验；我吃过的盐比你吃过的饭还多。其实他的很多同学、同龄人都取得了不同程度的成功，而他算各方面条件都很差的。

14. 小时候过度保护孩子。他要摸水壶，你大声制止；他要吃巧克力，你觉得弄得满手满嘴都是，不干净……这种不准、不允许，会让孩子认为自己做什么都是错的。从此他再也不敢尝试任何事，也不敢解决任何问题，因为父母不准，更严重的人甚至以什么都不会为荣——因为任何事情父母都能帮他解决。

我见过一个小伙子，28 岁了还和母亲生活在一起。他告诉我，他很想一个人出去住，并且也尝试过。可是不到一个月他就回去了：做饭差点把房子烧了；不会洗衣服，衣服都堆成一座山了；不会打扫卫生，家里如垃圾场一样。

15. 关于“懂事”，“听话”“懂事”对于孩子而言其实是压抑自己的欲望，向父母妥协的表现。孩子做出与年龄不符合的成熟与懂事，往往心里非常委屈。长大后，他们同样会压制自己的欲望，不敢表达自己，一味地迁就别人，如同当初“懂事”地迁就父母一样。一个不敢表达自己的人，这一辈子都不会过得幸福，因为他不敢争取自己的利益。

我认识一个做广告的，他就是一个小时候非常“懂事”的孩子，他说自己很小的时候就会为家里做事讨父母欢心，导致后来他被合伙人抢去自己的分红都不敢和对方翻脸，也不好意思把钱要回来。

16. 在 0—6 岁期间（尤其 0—3 岁阶段），如果孩子长期被父母忽视，他会想尽办法来测试父母是否真的爱他。当他的哭闹无法吸引父母的关注时，他只有一个办法达到目的，让自己生病。婴儿没有受过人类的任何训练，他依然保持着动物的感知能力，他可以很轻易地让自己生病。一旦生病，父母无论如何都会关注他，他也达到了目的。当他尝到甜头时，他便经常通过生病来获取父母的关注。人本身就有非常多的潜能，但社会、家庭的需求不同导致很多人的潜能未能得到训练而被淹没、遗忘。但这种让自己生病的技能，小时候未能得到父母关注的孩子确实时常操练。长大后，他依然保持着这种能力，所以他能说发热就发热，说拉肚子就拉肚子。这种让自己生病的能力叫做癔病，有这类病的人通常是弱者，并且对他人有极强的依赖性——他们特别希望自己出事，借此获得别人的同情然后得到别人的照顾。

17. 与癔病相似又不同的还有癔症。癔病是真的出现生理上的疾病，而癔症却是患者不断自我暗示产生的症状，在医院里检查不出任何生理疾病。如跳舞前手脚僵硬不能动、开口讲话前不能发声等，但这个人的声带、四肢完全正常；有可能出现失忆、精神分裂。这是 0—6 岁时期被父母过分高压教育、批评、打击所导致。由于孩子做什么事都会被父母批评，他变得无比自卑，但又无法违抗父母的命令去做他不认为自己能做好的事（比如强迫他必须背唐诗，背不出来就挨打，那么只要晕倒、说不出话就可以逃避这个事）。他必须保护自己，于是假装身体不适来逃脱父母的要求。这种长期的自我心理暗示会真的让他的身体出现不适，但医院却无法检查出他身体上的病症。所谓的癔症，实际上就是自卑到绝望的人对自己最后的保护。生活中那些身体特别“娇贵”的人，那些动不动就肚子痛、头晕的人，其实只是内心特别脆弱、无法经受任何挫折的可怜人。

18. 下面这些育儿图书你看过多少？

[奥] 阿尔弗雷德·阿德勒《儿童教育心理学》

[美] 林赛·吉布森《不成熟的父母》

[美] 简·尼尔森《正面管教》

[美] 鲁道夫·德雷克斯《孩子，挑战》

高钢《遭遇美国教育》

[美] 爱默生《美国的文明》

[美] 卡瑞尔·麦克布莱德《母爱的羁绊》

[美] 哈瑞·刘易斯《失去灵魂的卓越》

[英] 约翰·洛克《教育漫话》

[美] M. 斯科特·派克《少有人走的路》

朱亚　赵黎言《家庭教育心理学》

这些书，你看过________本

至此，关于孩子 0—6 岁的常识已讲完，你知道多少？

0—6 岁是一个人刚来到世界的时期，这一时期直接决定这个孩子是否心理健康。

二、7—14 岁，教育常识

孩子 7 岁开始进入学校接受教育。从此，与他打交道的人多了一个角色——“老师”。你知道“老师”是什么意思吗？

师：军队。引申含义，把所有人变成一个样子，大家穿着同样的制服，拿着同样的装备。还指某些传授知识技术的人。

老：不能改变。肉煮老了，便不能再吃，不可能再有变化；招式用老了，便不能产生新的变化；阅历深、有经验的。

所以，“老师”的意思，就是自己不会再变化，并希望把所有人都改造成跟他一样的人。阅历深、有专业知识可以传授给学生的人。他们在某些领域很有经验，希望学生也能和他一样掌握到相关的技术和知识。

简单来说：

老师——把所有人变成和自己一样掌握某种技术和知识的人；

教练——让别人自己学会，培养冠军。

7—14 岁的教育主要训练孩子掌握学习的能力、交往的能力、自律的能力。这一时期对孩子从“照顾”“呵护”，变成“训练”。自律、自信、勇敢、开朗以及学习能力、交往能力，统统在这一阶段训练完成。

0—6 岁阶段培养孩子的心，7—14 岁阶段则培养孩子的“智”。这里的“智”不是死记硬背的知识，而是要训练孩子掌控寻找他所需要的知识的途径，并运用这些知识进行新的创造。死记硬背课本上的知识，可能会让一个人知识暂时丰富，但不会让一个人变得聪明。

1. 有一些老师自己都不知道到底应该怎么学习，甚至价值观混乱，教书对于他们来说，只是自己糊口的一份工作。

我就见过一个幼儿园的老师，开家长会时对家长说，孩子应该建立正确的三观。然后又说，奥数什么的可以不用学，学一个才艺比较好，这样领导会喜欢……这种“毁人不倦”的老师太可怕了。

2. 在学校里，有些孩子总会被老师批评。久而久之，孩子真的认为自己不行。孩子在学校中只学会了两句话“我不行”“你不行”。孩子的自信就是在这一次次被骂、一次次被证明自己不行中被磨灭的。

我的助手小赵，他曾这样和我说：“我母亲是体育老师，我很‘荣幸’被她带进篮球队。她特别希望我能打好篮球，所以每次我拿球都要吼我，都要批评我的失误。形成了越吼我，我就越紧张，越紧张就越打不好的恶性循环。后来我就不想打篮球了，因为我觉得我怎么练都是不可能打好的，甚至讨厌篮球。后来延伸到我觉得自己学什么都学不会，做什么都做不好。”

3. 孩子在 7—14 岁时，还没有形成世界观，他就是一张白纸。你说他是什么，他就真的以为自己是什么。好的老师会鼓励孩子，告诉他未来有无数种可能。

4. 如果孩子在学习过程中只以考高分为目的，可能存在的风险是（和孩子一起完成）：

□（1）身体不行，导致被欺负时不敢还手。

□（2）没有规则意识，因为从来没有真正接受过竞技项目训练。

□（3）变得很自私，因为老想战胜同学。

□（4）功利，因为一心只求名次。

□（5）不快乐，因为读书、考试占据了他的全部。

□（6）丧失个性，因为从小只接受集体主义教育。

□（7）霸凌，或者被霸凌。

□（8）被老师批评，然后越批越笨。

□（9）被同学比下去，继而丧失自信。

□（10）易怒，易冲动，易失控，因为长期过得很压抑。

□（11）破罐子破摔，因为比不过、没赢过，反正什么都不行。

□（12）毫无常识，面对危险没有自己的判断，也没有自行解决问题的能力，因为每天只需要学习、考试。

□（13）不成熟、不独立，因为家长让他听老师的，而老师只让他考试，他从来没有自己做过主。

5. 对于一个孩子而言，学习《咏鹅》和学习《论语》《离骚》《诗经》的难度是一样的，理解“学而时习之，不亦说乎”和理解“锄禾日当午”都一样。先从难的内容开始学起，在之后的学习中他会势如破竹，因为最早开始学习的都是难的。他会觉得学习非常容易。从最简单的学起，如同登山——永远在吃力地往上走；从最难的开始学起，如同从山顶滑雪——酣畅淋漓，轻松简单。并且会给孩子一个非常重要的心理暗示：学习并不困难。

6. 家长与孩子成为“同学”，和孩子一起学习都不懂的内容，如《离骚》，如滑雪。这样对孩子心理建设非常有帮助——因为大家都没学过相关内容，父母往往没有孩子学得快。孩子会认为自己很厉害，比爸爸妈妈还聪明。

7. 很多家长用自己学过的东西来打击正在学习的孩子：你连这个都不懂！这会对孩子的自信心产生非常大的打击。表面上看是家长恨铁不成钢，实际上家长的这种做法往往适得其反。假如与孩子一同学习玩一种孩子感兴趣的游戏，家长们就不一定会比孩子更容易接受。

8. 对孩子过分寄予厚望并不能让他成才，相反，这会让孩子感到无比大的压力。孩子心疼父母的程度比父母心疼他的程度强得多。他们不忍心父母含辛茹苦供自己上学，不愿看到父母把所有好的东西都给自己。他们会过度紧张，怕对不起父母，生活在自责与压力中，导致内心脆弱，抗压能力弱。今后一旦出现错误，他们很容易走向极端。

9. 任何时期，超前学习都是非常愚蠢的行为，尤其在孩子7—14岁阶段。很多父母为了让孩子不输在起跑线上，送孩子上暑假、寒假补习班。与0—6岁的过早训练不同，7—14岁的孩子如果超前学习，会对学习产生非常大的抗拒心理从而厌学。这时候孩子已经反感父母，他们认为父母让他超前学习要么是满足父母的虚荣心，要么是不相信他的智力能跟上同学的进度，于是通过厌学、不听课等方式故意报复父母。

我就是这样的。由于家里很多成员都是教师，涵盖了英语、数学、物理、美术、体育、语文、计算机等，我小学毕业开始超前学初一的课程，初一完了开始学初二的课程。我非常讨厌补课，却又不得不补。我便上课睡觉、开小差——反正这些课我都听过，即便没听过我也能补回来。

10. 在孩子7—14岁时期，除了掌握学习能力以外，还应掌握和别人打交道的能力。如和警察打交道的能力——警察叫住你的时候，你应该配合警察，而不是撒腿就跑，不然警察会误认为你是嫌疑犯，最后被误伤；和坏人打交道的能力——对危险有明确的判断，避免自己处于危险中；和同学打交道的能力——知道合作、帮助的好处。

11. 请注意，校园霸凌是一个你无法回避的话题，关于霸凌，你必须知道的10个要点如下。

①截至目前，中国还没有权威的霸凌数据发布，但据“英

国国家儿童发展研究”的数据资料，大约有28%的儿童偶尔被霸凌，15%的儿童经常被霸凌。也就是说，近1/3的学生在学校里遭受过霸凌。

②研究结果表明，霸凌所造成的心理和认知影响即使在40年后，仍会持续。

③霸凌关系中的受害方很有可能转化为加害方，而这种情况下，霸凌造成的伤害往往更加严重。历史上最有名的霸凌事件是：1999年，美国科罗拉多州的科伦拜校园，高中生埃里克·哈里斯和迪伦·克莱伯德手持枪支和爆炸物冲入科伦拜高中，枪杀12名学生和1名老师，击伤20余人，最后自杀。两名杀人者就是霸凌长期的受害者。这起事件成为美国对霸凌认识的转折点，美国特勤局和教育部在2002年调查发现，之前25年的37起校园枪击案中，有2/3的攻击者都是遭遇过霸凌的受害者。

④霸凌的主要形式有以下几种。

传统霸凌，即武力霸凌，如以大欺小、以多欺少、以强凌弱。霸凌方式主要有绑架、殴打、恐吓、泼冷水、撒尿、扒光衣服、剪头发、烟头烫、逼迫吃沙子，等等。

语言霸凌，主要是嘲笑、辱骂、散布流言蜚语等，破坏被霸凌者的名誉，或者对其进行孤立。

网络霸凌，是霸凌的一种新兴模式，即通过电话、邮件、短信、网络等电子手段，向欺凌对象实行攻击、污蔑、恐吓等。网络霸凌也有剧情反转的时候，如被霸凌者利用网络舆情对霸凌者发起反击，冒充霸凌者开博客、发文造谣、曝光不雅照等。

网络霸凌往往情节复杂、事实难辨。

⑤世界各国对霸凌现象的法律管控如下。

美国——从2000年开始立法严惩校园霸凌行为。2017年4月美国所有州都通过了《反霸凌法》。这些法律要求学校职员在见到霸凌行为时必须立即报告和干预，调查并惩罚加害者，通知家长，并提供受害者所需的心理咨询援助。其中，美国加州的法律跟其他州不同，折磨罪在加州将被判终身监禁，这是根据选民意愿投票通过、州长签署生效的，无人可以改变。

澳大利亚——2003年颁布了《国家安全学校框架》，这是澳大利亚及全世界第一份国家级别的安全学校建设指导政策。

韩国——分别于2012年、2013年、2014年连续出台预防和治理校园暴力对策方案，并开通举报校园暴力的24小时热线，将校园周围200米设为警察负责区。

日本——日本国会于2013年通过了《校园霸凌预防对策推进法》。

中国——国务院教育督导委员会办公室于2016年下发了《关于开展校园欺凌专项治理的通知》。

⑥以下是几类比较容易被霸凌的小孩。

A. 留守儿童。据统计，中国目前至少有6000万留守儿童，这样的孩子很容易成为“问题儿童”。被霸凌时，他们无法获得家人的保护；霸凌别人时，他们无法获得有效的管教约束。这或许是校园霸凌事件愈演愈烈的大背景。

B. 单亲家庭的孩子。

C. 兄弟姐妹过多而不被关爱的孩子。

D. 肥胖的孩子。据调查，85% 的超重学生在学校曾被霸凌，不过因为他们个头大，对胖学生的霸凌一般表现为语言霸凌。

E. 瘦弱的孩子。

F. 少数族裔的孩子。

G. 同性恋的孩子。

H. 身患残疾的孩子。

总体来看，不受家庭重视、长期得不到充分关爱的小孩，比较容易遭遇霸凌；太拔尖、太优秀的孩子，因他人嫉妒，也容易遭遇霸凌；当然，也可能没有任何原因，只是因为运气不好，有些小孩也会遭遇霸凌。

⑦哪些小孩比较容易成为霸凌关系中的加害方？

A. 被家长过度宠溺、要风得风要雨得雨的孩子；

B. 家长本身有暴力倾向，经常被家长肉体或精神摧残的孩子；

C. 没有任何兴趣爱好的孩子，即负面情绪没有渠道排解的孩子。

总之，幼年期遭遇过虐待、被疏忽的儿童，年长后变得攻击性强、精神出问题、欺凌他人或被他人欺凌的可能性更大。当然，被过度放纵的孩子也极有可能成为施暴者。

⑧以下是几种最常见的霸凌形式：

A. 起外号，占比 44.2%;

B. 戏弄，占比 43.3%;

C. 散布谣言或谎言，占比 36.3%;

D. 打、扇耳光、踢，占比 29.2%;

E. 无视，占比 28.5%;

F. 威胁，占比 27.4%;

G. 偷盗财物，占比 27.3%;

H. 性别评论或者手势，占比 23.7%；

I. 电子邮件或者博客，占比 9.9%。

（数据来源：美国卫生与公众服务部）

⑨关于反霸凌，身为家长，你需要思考的问题是（因为我国还没有专业权威的材料可借鉴，所以只能你自己思考）：

A. 孩子有哪些行为就表明有霸凌倾向？

B. 发现孩子的霸凌倾向应如何制止？

C. 如何减少孩子的霸凌受害者特征，以避免被欺负？

D. 霸凌来临时孩子该如何应对？

E. 霸凌发生后如何对受害者进行身心干预？

⑩还有一个你不可不知的关键点是：所有攻击性行为的本质，其实都是在呼唤爱。

□ A. 知道　　　　□ B. 不知道

12. 当然，与霸凌同样值得重视的还有一个问题，就是儿童性侵。关于性侵，有以下 8 个要点。

①迄今为止，中国没有针对儿童性侵的全面数据调查。但在 2017 年 4 月北京师范大学社会发展与公共政策学院家庭与儿童研究中心编著的《儿童保护制度建设研究：目标、策略与路

径》一书中，研究者根据中国数次局部调查的综合分析，认为中国受到多种形式性侵犯的未成年人在10%以上，其中插入式性侵犯约1%，与世界平均水平持平。这意味着中国每10个未成年人就至少有一人受到过性侵犯。

②儿童性侵犯包括非身体接触，如利用儿童进行色情表演或观看色情材料，但普通民众对猥亵儿童没有清晰的认知边界。家长可以从三个方面教育儿童如何分辨性侵：

A. 他人在不必要却有意识的情况下触碰儿童隐私部位；

B. 他人指使儿童触碰他人隐私部位；

C. 他人让儿童观看裸体照片、视频，甚至拍摄儿童裸体。

③根据公益组织“女童保护”的统计数据，从2013年至2016年，媒体公开报道的性侵儿童（14岁以下）案件就有1401起，平均每1.04天就曝光一起案件，受害人数超过2568人。广泛被引用的中国儿童性侵隐案率为1∶7，媒体据此称中国每一次曝光的儿童性侵背后，起码有7起未得到曝光的案件，这个数据来自中国人民公安大学犯罪学系王大伟。

④过去几年，广东、浙江、福建、北京等多个省市的地方检察院都曾多次发布数据，显示大多数儿童性侵中熟人作案的比例超过80%甚至90%。2016年，“女童保护”对媒体公开报道，对熟人性侵儿童案进行了更详细的分类，其中作案人身份占比从高到低依次为：老师（含辅导班等）27.33%、邻里24.33%、亲戚（含父母亲友）12%、家庭成员10%。

⑤熟人作案率居高不下的原因，与中国家长和儿童的防性侵教育缺失有关。

根据“女童保护”的问卷调查结果，56.66% 的家长对孩子身边的成年角色不太了解，只有 46% 的家长绝对不会将孩子托付给异性成年熟人。而对孩子们来说，如果被熟人触碰感觉到不舒服或不愿意，19.87% 的孩子认为忍忍就好了。

⑥大多数家长并不在意孩子向家长反馈被性侵的事实，以下是面对孩子反馈，家长的几种主要反应：

拒绝相信，如“人家是喜欢你才抱你的”；

阻止孩子继续说下去，或者告诫和恐吓孩子不要乱说，如“别瞎说，人家不会那样的”；

责骂孩子，如“思想肮脏”“不学好”；

要求孩子保密，告诫孩子千万不要告诉别人。

⑦ 2016 年，公益组织“女童保护”在对全国 31 个省份的 9151 位家长进行问卷调查后发现，21.44% 的家长认为性侵离孩子很遥远，30.32% 的家长不确定儿童性侵害是否会发生在身边。

⑧在中国当前的法律体系里，并没有针对儿童性侵的专门罪名。在司法领域，性侵儿童涉及的罪名分为“猥亵儿童”和“强奸”两种。普遍存在的批评是：这种划分方式并不能全面覆盖儿童可能遭遇的性侵害。例如，强奸罪的犯罪对象仅为女性，并不包括在儿童性侵行为中也会受到伤害的男性儿童。

（相关的数据、资料来源：陈岚《我们为什么被霸凌？》，《三联生活周刊》2015 年第 29 期《霸凌的中美之别》，《三联生活周刊》2017 年第 37 期《向儿童性侵说“不”》）

13. 如何有效防止霸凌？最为有效的方式，是参加集体对抗性体育运动，如足球、篮球、棒球、冰球等。孩子有组织、有朋友之后，在遇到欺负时就会第一时间寻求帮助。

14. 体育教育分为三类：①生存本能类；②规则训练类；③娱乐技能类。

①生存本能类：游泳、搏击等能让孩子掌握面对危险的技能。当遇到洪水时，会游泳的人更加冷静，更容易逃脱。当遇到坏人时，身体强壮的人更能保护好自己，反击并创造逃跑条件。这样的体育训练能让孩子对自己的身体、力量、速度有一个很好的判断，并且能唤起他 0—6 岁时期对危险的感知。

②规则训练类：篮球、足球、冰球、棒球等集体对抗性运动。这一类体育训练会培养孩子以下几种品质。

A. 对规则的敬畏：无论是总统还是老百姓，在足球比赛中犯规就会被黄牌警告甚至被红牌罚下场，大家都是公平的。崇尚规则，信任裁判，长大后就会崇尚法律，信任法官。他们光明磊落，顶天立地，鄙视通过不正当手段达到目的的行为。

B. 对同伴的信任：门将做好自己守门的本职工作，得分交给前锋。这样的孩子长大后与别人合作的能力会非常好，因为他信任自己的同事，信任自己的伙伴。

C. 集体荣誉感：自己的球队通过公平的手段赢了，是每一个队员的荣耀。这样的孩子长大后不会邀功，也会爱自己的工作单位。

D. 交朋友的能力：会同一项运动的人非常容易成为哥们儿，而考试却是让所有成绩好的同学之间成为“对手”。

E. 足够的安全感：他有队友，有哥们儿，有一帮能帮他的兄弟。这种“有福同享，有难同当”的患难之交，会让孩子心里很安全——我不是一个人在战斗，有很多人和我一起。

③娱乐技能类：这一类包括高尔夫、台球、象棋、钓鱼等，能培养一个孩子一辈子自己娱乐的能力。古人说：人无癖不可深交。如果一个人连一点爱好都没有，这个人其实非常不真实，没有“弱点”，因为在娱乐的过程中，人是放松的，是展示真性情的。

人都会遇到压力，如果没有发泄出来，这个人很容易被负面情绪包围。当然，玩电子游戏、嫖娼、打架等方式同样能释放压力。但是，这些方式会产生副作用：电子游戏会让人玩物丧志，嫖娼可能会让人面临疾病的风险，打架会让自己的身体受到伤害。

以上为孩子 7—14 岁的教育常识，其中你知道多少？

三、15—18 岁

在这一阶段，孩子已经形成了自己的价值观。教育的主要目的是帮助孩子建立人生观，建立自己的梦想。所谓人生观，就是他以什么样的身份与这个世界打交道。以下为青春期关于孩子的人生常识。这些常识，请自行勾选，有多少是你知道的。

1. 15—18 岁的孩子已经有能力也有冲动为自己做主，他们会选择今后的道路——当医生还是律师，写字还是扛枪，都在这个时期决定。如果一个孩子没有得到足够的支持和正确的引导，就会走上歧途。如果只注重成绩，他会丧失梦想的能力，沦为没有梦想，只为了活下去的人。

2. 高考并不是人生的终点，而是一个新阶段的开始。由于很多孩子从小学就开始准备高考，过于高强度的学习和考试，让很多人过早地透支了对学习的兴趣，自己的乐趣、梦想、生活、情感，统统为高考让路。结果一进大学就开始堕落，因为他 12 年的目标终于实现。没有梦想，没有目标，就没有了前进的方向。在高考前的 12 年中，他们只有一个目标就是考上大学，当这个目标实现了，也就不知道该干什么了，甚至连自己喜欢什么、想干什么都不知道。

3. 早恋并不可耻。在美国，14 岁以上的孩子会被家长鼓励去与异性交往，去约会。因为只有尝试才知道自己是值得被爱的，是可以努力的。而我们的孩子在青春期时，父母、老师坚决反对早恋，导致他们一方面不自信，另一方面完全不知道什么是爱。很多人在中学时不准谈恋爱，大学毕业就被要求结婚，结果无法找到自己的伴侣。因为不懂“坠入情网”和爱的区别，导致为了结婚而结婚，婚后生活不幸福。早恋在某种程度上，可以帮助一个人走向成熟，可以教会人怎么和异性相处。所以，早恋不应该被我们妖魔化，应该让一切顺其自然。

4. 孩子希望以后拥有什么并不能代表这是他的梦想，只能代表他的欲望。希望能做什么才是他的梦想。有些富二代纨绔子弟拥有很多人一辈子都不太可能拥有的金钱，可他们每天却做着极其无聊的事，因为他们没有梦想；而一个医生，可能并没有多少金钱，却每天做着救死扶伤、悬壶济世的事业。真正的成就感、优越感，并不是他拥有什么，而是他在做什么。

5. 人没有梦想，和死人没什么两样。很多失败者碌碌无为，就是因为他们对梦想产生了错误的认知。很多家长都希望自己的孩子可以受到最好的教育，比如英雄主义教育，让孩子更加自信，培养孩子的雄心壮志。这会告诉孩子，帮助他人，就是英雄。

6. 伟大的人之所以受人尊敬，在于他的梦想是利他的；平庸的人被人鄙视，是因为他的梦想是利己的。考大学为了找工作，找工作为了挣钱。他们或许会有些成绩，但他们永远都不会被人尊重，因为他们对社会乃至对人类的贡献几乎是零。如果梦想就是赚钱，那赚到足够多的钱怎么办呢？你知道你孩子的梦想吗？你知道用“平安”“稳定”的价值观教育出来的孩子根本不会有梦想吗？

7. 事业是内心的呼唤，工作仅仅是为了吃口饭。15—18 岁的孩子选择的是事业方向，而不是什么专业好找工作就学什么专业。你孩子的梦想是什么？

8. 犯错并不等于是坏人，很多人都会犯错。如果从来不准孩子犯错，他们长大后很可能会犯罪。因为他们不知道犯错和犯罪的区别。一旦犯错，他们会认为自己已经无药可救，索性放手胡来一把：反正都做错了，不如来个大的。

9. 学习认真就会成绩好，成绩好就能考上好大学，考上好大学就能找到好工作，找到好工作就能生活得很幸福。这句话完全没有任何逻辑，只是家长的一厢情愿。成绩好不好只与考试能力有关；考不考得上好大学与运气和紧张程度有关；找到好工作与解决问题的能力和人品有关；生活是否幸福与心理健康（0—6 岁对世界的认知）有关。

家长希望自己孩子成绩好，很大一部分原因都是自己的虚荣心。因为他们希望别人夸自己孩子成绩好，其实是希望别人夸自己生得好、教得好。

10. 世界各国的教育有七大流派：美式公民教育、英式贵族教育、德式弱者教育、日式强者教育、法式精英教育、俄式生产力教育及中式“丛林”教育。

（1）美式公民教育：培养孩子对自己、社会、人类负责。

在美国，一个 8 岁小孩的作业题是：如何竞选市长？如何改善社区的治安水平？公民教育培养出的小孩是自己的主人、家庭的主人、社区的主人、国家的主人。

（2）英式贵族教育：培养孩子自律、克制、勇敢、负责。英式贵族是社会的风向标，他们并不像我们想象中的骄奢淫逸，好吃懒做。相反，他们严格要求自己，凡事为他人着想，敢为别人的利益奋不顾身。贵族精神就是举止得体的绅士风度和见义勇为的骑士风范。

（3）法式精英教育：法式精英教育着重培养孩子改变社会、改变人类的远大志向。当中国高中生正为作文题“必须跨过这道坎”“如何面对挫折”“摔了一跤”绞尽脑汁时，法国学生正在写“拥有选择权是否就意味着自由”“我们能否对真理漠不关心”“文化的多样性是否会阻碍全人类的团结”。

（4）德式弱者教育：德国人认为，优秀的孩子不用教，需要帮助的是并不够优秀的孩子。所以，德国的班级中会出现优等生帮中等生，老师帮差生的现象。因为整个教育是社会对弱者的帮助，接受德式教育的孩子非常自信——因为没人瞧不起他，大家都帮助他。即便成绩不好，也坚信能通过自己的劳动自食其力。

（5）日式强者教育：“不给人添麻烦”是日本人深入骨髓的

精神。日式教育把每一个人都训练成“强者”——凡事靠自己，不麻烦别人。日式强者教育会把孩子培养得坚韧、自尊、自爱、自强、谦卑。

（6）俄式生产力教育：生产力教育是按照社会的分工，将每一个孩子培养成社会的螺丝钉——学新闻，就去电视台当记者；学化学，就分到化工厂。每个人生来便被定义，没有自己的意志，只是祖国的一块砖，哪里需要往哪搬。

（7）中式“丛林”教育：“提高一分，干掉千人”“万般皆下品，唯有读书高”，加上曾经的俄式教育混合成了如今中国的“丛林”教育。一方面，“不读书就会被饿死”，成为老师、家长逼迫孩子学习的万能法宝；另一方面，电竞专业（职业玩电子游戏）、小龙虾专业、书法专业、高尔夫专业风靡全国。“读书只为不被饿死，读书只为找工作”仍是国内的主流思想。这种教育模式培养出的孩子胆小、功利、无趣、不择手段——上学只为找工作，并且自我认定是一个失败者——考不到第一名，被同龄人抛弃。

11. 你考虑过给孩子转国际学校吗？你考虑过送孩子出国吗？如果有，请现在就开始了解世界先进国家的教育现状。请填写，你送孩子去那个国家留学的好处和坏处，分别至少写三条。写完，你就有了答案。

	好处	坏处
美国：	________。	________。
英国：	________。	________。
法国：	________。	________。
德国：	________。	________。
日本：	________。	________。
北欧等国：	________。	________。

然而，你孩子的意见呢？他/她想去哪个国家？理由是什么？

____

____

____

____

____

____

____

____

____

____

____

____

____

____

至此，孩子成长的三部分已全部阐释完毕。0—6 岁阶段决定这个孩子是否心理健康，是否具有爱的能力（爱自己，爱别人）；7—14 岁决定孩子的学习能力、交往能力、协作能力是否正常，性格是否开朗自信；15—18 岁阶段决定孩子的格局和人品。一个优秀的人，一定是心理健康、阳光、学习能力出众、自律、格局高、人品好的人。

爱孩子，是为了让他变得优秀，要心甘情愿地付出一切。你是否为了你的孩子变得优秀、健康、志存高远、顶天立地而付出过努力？如果你回答“是”，但上述内容你却不知道，也从没为孩子思考过一天，读过一本书。你觉得你是一个。

□ A. 骗子　□ B. 病人　□ C. 蠢货　□ D. 不合格的父母

本题参考读物：

《三联生活周刊》2010 年第 41 期“麻省理工：一个让想象飞翔的地方”

《三联生活周刊》2011 年第 38 期“海德堡大学：一个思辨之地”

《三联生活周刊》2013 年第 26 期“哈佛大学：从绅士到精英”

《三联生活周刊》2014 年第 23 期“牛津大学：现代绅士的摇篮”

《三联生活周刊》2014 年第 26 期“在英、美、德、澳上小学 别人的教育”

《三联生活周刊》2015 年第 42 期“耶鲁大学：卓越灵魂与领袖摇篮”

《三联生活周刊》2015 年第 50 期“去英国读中学”

《三联生活周刊》2016 年第 31 期“去美国读中学”

《三联生活周刊》2016 年第 45 期“巴黎高师 法国精英制造”

《三联生活周刊》2017 年第 22 期“让孩子动起来”

第二节　重审孩子的家庭教育

一、欢迎回来，我们接着读、接着写。

在正式开始之前，你有必要想清楚一个问题：你希望你的孩子，将来长大后成为这个社会上的多数人还是少数人？

□ A. 多数人　　□ B. 少数人　　□ C. 没想过

二、如果你希望你的孩子将来出类拔萃而不是平庸无为，那么你需要尽可能地了解自己的孩子。

在你眼中，你的孩子都有哪些缺点？

____

在这所有的缺点当中，你最不能接受的是哪些？

____

孩子自认为有哪些缺点呢？

____

在他 / 她自认的那些缺点当中，他 / 她最不能接受的又是哪些呢？

____

三、当你认为孩子有以上缺点的时候，问问自己："我是不是也有以上缺点？"孩子是家长的复印件，如果复印件有毛病，多半是原件出了问题。由此，你需要做个角色互换的游戏：如果你就是你现在的孩子，你认为他 / 她最不能接受的你的缺点是（见下表）：

序号	爸爸	请选择	妈妈	请选择
1	经常加班		做饭难吃	
2	爱发脾气		爱唠叨	
3	爱玩手机		爱抱怨	
4	很少跟他 / 她聊天		没有梦想	
5	挣钱少		不会打扮	
6	爱抽烟		喜欢购物	
7	爱喝酒		身材差	
8	开车不遵守交通规则		爱慕虚荣	
9	有啤酒肚		经常骂他 / 她	
10	对妈妈不好		经常骂爸爸	
11	懒		爱打牌	
12	爱打游戏		偷看孩子隐私	
13	不学习		经常取笑孩子	
14	其他		其他	

四、做完第三题，是不是有点汗颜？以下是家长摧毁孩子的十八般武艺，请扪心自问，你都干过哪些？

□ 1. 教孩子撒谎。比如，孩子上学迟到，你当着他 / 她的面找借口骗老师。

□ 2. 鼓励孩子行贿。比如，有些家长，自己想给老师送礼又不好意思出面，就让孩子去。

□ 3. 怂恿孩子违规违纪。比如，去旅游景点时，为了逃票（很多景点规定 1.2 米以下孩子免票），家长就让孩子演驼背；比如，开车时让 12 岁以下孩子独自坐副驾驶位。

□ 4. 打击孩子自信。家长不经意间的话往往给孩子造成巨大阴影，如有些家长经常说："就你？""想什么呢？""做白日梦！""看你那样！"……这些话每说一次都是在毁灭孩子的自信。

□ 5. 剥夺孩子发言权。比如，"大人说话小孩别插嘴！""不该问的不要问！""不许乱说！"……你对孩子说过这些话吗？

□ 6. 不尊重孩子隐私。比如，偷看孩子的信件或日记、盘问孩子不愿回答的问题、把孩子的糗事当笑料或谈资……可悲的是，我们很多父母，自己就是这么长大的，现在却将这些恶习在孩子身上复制。

□ 7. 羞辱孩子人格。羞辱人格的事在大都市恐怕已少有发生，而在一些贫穷落后地区仍然比比皆是。比如，如果有的女孩染发、文身、穿超短裙，大人就会说："这个孩子不学好，长大后不知道跟哪个男人鬼混。"如果有的男孩子抽烟、喝酒、打架，大人就会说："二流子，长大后肯定进局子。"

□ 8. 替孩子做选择。比如，操控孩子的兴趣爱好；指点他 / 她的高考志愿；包办他 / 她的婚姻；命令他 / 她多少岁生孩子……完全不把孩子当成独立的个体，而是一手包办孩子的人生。殊不知，在心理学上，越是找不到寄托的人，越是喜欢操控别人。

□ 9. 阻止孩子发展兴趣爱好。包办孩子兴趣爱好的另一面，是阻止孩子追求自己真正的兴趣爱好。我们公司的小赵就是个例子，他从小想学足球，可妈妈非逼着他去学钢琴和舞蹈，有一次我跟小赵聊天，他说到现在，脑子里都还经常浮现出小时候去兴趣班一路上哭哭啼啼的场景。

□ 10. 限制孩子交友。比如，不准跟成绩不好的玩儿、不准跟单亲家庭的玩儿、不准跟异性玩儿、不准跟有耳洞的玩儿、不准跟坐后三排的玩儿、不准跟谈恋爱的玩儿、不准跟染发的玩儿……太多“不准了”，作为大人，我们巴不得孩子只跟成绩好、听话的乖孩子玩儿。

□ 11. 特别不相信孩子。比如，总担心孩子会走丢、总担心孩子会出车祸、总担心孩子会被骗去搞传销……老朱就有个朋友，他的儿子正读高中，一米九几的个子，从没骑过自行车、从没挤过公交车、从没坐过摩托车，只因他妈妈觉得路上不安全。这么做的后果是，那位男生自己都认为自己特别弱，一米九几的个子，不出去运动，整天在家看《熊出没》。

□ 12. 对孩子进行道德绑架。有些家长，明明自己不舍得花钱，偏要对孩子说“都是为了你，要不是你，我现在过得多潇洒”。这些家长一厢情愿地认为演苦肉计可以让孩子更上进，殊不知这么做不但完全起不到催人奋进的效果，反而会让孩子更加自卑和压抑。

□ 13. 在孩子面前完全不顾及形象。比如，当着孩子的面吵架、当着孩子的面撒谎、当着孩子的面偷东西、当着孩子的面喝醉酒……你有过吗？

□ 14. 不讲信用。有些家庭，家长跟孩子之间毫无信用可言，他们的套路就是“一哄二骗三拖延”，如说好了周末带孩子玩，结果却总是食言。

□ 15. 只顾闷头挣钱，以为金钱能解决一切。挣钱给孩子买学区房、挣钱供孩子上好小学好中学好大学、挣钱给孩子买房买车娶媳妇儿生娃……很多家长，愿意挣钱给孩子买他们想要的一切，却不愿意花时间去给予孩子需要的陪伴。

□ 16. 把孩子当试验品。比如，有的家长会突发奇想，让孩子成为马拉松健将，产生这样的念头以后，他就会在完全不懂专业知识的前提下对孩子进行训练。老朱曾讲过一个案例，有一位家长在孩子很小时就强制孩子长跑，风里来雨里去，结果造成孩子的脚超常发育，变得异常大。还有一则新闻，说是有位父亲，因为自己比较懦弱，害怕儿子重蹈覆辙，就训练孩子从小看黑帮片，甚至鼓动孩子去抢钱，最终“成功”地把孩子培养成了一个小混蛋。

□ 17. 负面心理暗示。很多家长喜欢给孩子贴标签，如“这孩子有暴力倾向”“我儿子就是性格内向”“一见生人就害羞”……殊不知，当家长轻而易举地给孩子定下一个属性、贴上一个标签时，孩子也会对自己产生极其负面的心理认知，他们会想“不会跟人相处就不相处呗，我妈都说我内向了，内向的孩子就这样儿”。

□ 18. 暴力。暴力包括肢体暴力和语言暴力，简而言之就是打和骂。衡量一个人爱不爱另一个人，最重要的指标就是耐心。如果你是父母，问一下自己：“我对孩子有耐心吗？够吗？我经常发脾气吗？我经常打骂孩子吗？我打过他 / 她，那么，总共打过多少次？我可料想过，每一次我对他 / 她的打骂，最终他 / 她都会以更加恶劣的方式还给我吗？”

五、如果你打骂过自己的孩子，如果你有一丝丝的忏悔，如果你有足够的勇气，请等你的孩子回来，邀请他 / 她来回答接下来的几个问题。

1. 孩子，你父亲或者母亲，经常打你吗？

□经常　　□偶尔　　□从未

2. 孩子，你记得你父亲或者母亲一共打过你多少次，分别是因为什么，用什么打你的，打的哪儿，你当时的心情是怎样的？

____

____

____

3. 孩子，你父亲或者母亲打你的时候，他 / 她在你眼里，是一副什么样子？你能描述一下他 / 她当时的言语、动作，以及神情吗？

____

____

4. 孩子，你父亲或者母亲经常骂你吗？

□经常　　□偶尔　　□从未

5. 孩子，你记得你父亲或者母亲最常骂你的一句话是什么吗？

____

6. 孩子，每当你父母用这句话骂你的时候，你的心情是怎样呢？

____

7. 孩子，下辈子你还想做你父亲或者母亲的孩子吗？

□想　　　　　□不想

六、上一题，你真的有勇气让孩子填吗？反正我不确定。我是说如果我的儿子已经到了会写字的年龄，我不知道有没有勇气聆听他内心全部真实的声音。行文至此，我想再问你一个问题：你真的确信爱你的孩子吗？

□ A. 爱　　　　□ B. 不爱

□ C. 不够爱　　□ D. 他只是个孩子，我干吗那么在意

什么是爱？请看“爱的小贴士”：
爱，是为了对方好而心甘情愿地付出。

1. 爱是为了对方。

爱的目的，不是回报自己，而是全然为了你爱的对象，除非你爱的对象恰恰是自己，当然这也非常值得鼓励。

2. 爱是为了对方好。

为对方好，是让对方变得更优秀，而不是更厉害。厉害，是一个社会评价体系，指跟别人比，比别人有本事，比别人赚钱多，比别人力气大……而优秀是一个自我评价体系，指跟自己比，比昨天的自己更好，比过去的自己更快乐、更健康、更富足、更进步……优秀，优而能秀，优秀终将走向厉害，厉害却不一定走向优秀。

3. 爱是为了对方好而心甘情愿。

心甘情愿，不是奉献，奉和献是矮化自己，像奴仆一样跪下来毕恭毕敬地呈上。在爱的人面前，你无须跪着，也无须自我矮化。

心甘情愿，不是牺牲，牺牲是死掉了、是痛苦的、是容忍的、是委曲求全的，而心甘情愿是快乐的、是满足的、是温暖的、是喜悦的。

心甘情愿也不是责任、不是义务、不是规则、不是制度……没有人要求你这么做，你不这么做既不会受到法律的惩罚，也不会受到道德的谴责。心甘情愿是，你不做并不会损失什么、做了也不会得到什么，但你仍然义无反顾地要做它，而且力求做得更深一些、更久一些。爱不是一句口号，它必须有所行动、有所付出。然而，你能付出什么——时间？没完没了的耐心？永远自律？永不消亡的勇气？永远好脾气？……你能付出什么？

爱，是为对方好而心甘情愿地付出。

那么，爱孩子，就是为了那个叫____________的人好，而心甘情愿地付出。

七、阅读至此，如果你感到自己不是那么爱你的孩子，那么，我想说的是，比起自责，更重要的是，需要弄清楚自己不爱孩子的原因，究竟为什么我们总是会对孩子发火？究竟为什么我们总是会肆意打击、拒绝、忽视我们的孩子？只有搞清楚原因，我们才不会被自责及歉疚的情绪所累，因为这些情绪并不能给孩子的幸福加分。

以下原因仅是我们的见解，如果你同意，请在□内打√。

□ 1. 因为我们从小就在无爱的环境中长大。从小到大，我们就很少体会到什么是爱，或者说很少体会到什么是正确而有效的爱。我们以为，为孩子牺牲就是爱、对孩子负责就是爱、含辛茹苦就是爱。

□ 2. 长期以来，我们都有着强大的生存危机感。我们认为，只有让孩子成龙成凤，让孩子成功，才是唯一的出路。好像不这样，我们的孩子就会生活得很痛苦。

□ 3. 我们对未来有种莫名其妙的恐惧感，这导致我们不相信任何人，更不相信一个弱小的孩子。我们认为，不对孩子严加管控，他 / 她就会变坏。因为我们不相信孩子，特别怕孩子变坏，结果有些孩子就真的变坏了。

□ 4. 我们缺乏边界感。我们习惯于在熟人面前为所欲为，认为可以发号施令、可以打、可以吼。我们过分地把孩子当成“熟人”，而从未把孩子当成独立个体来尊重，我们的手总是伸得过长。

□ 5. 从心理学的角度来讲，弱者会对弱者更残暴。因为我们对自己都不满意，负能量在外面得不到释放，就只有回家发泄到孩子身上。只有在孩子面前，我们才能找到“王者的荣耀”。

□ 6. 很多人喜欢把孩子培养得很听话、很乖、很顺从，因为他们自身心理非常脆弱，他们的情感无处依托，就只有用这种方式，让孩子永远跟自己捆在一起。把孩子培养得越弱，孩子就越离不开他。

□ 7. 古时候，大一统的皇权社会让人们丧失独立思考的意识、能力和勇气。当我们遇到养育孩子的难题，我们会认为自己无力解决，然后就采用拖延战术—上学就好了、长大就好了、结婚就好了、等孩子当父母就好了；或者，我们也喜欢采用跟风战术——天塌了有高个子顶着，人家怎么办咱就怎么办。

八、上文说，一直以来，我们总以为为孩子牺牲就是爱、对孩子负责就是爱、含辛茹苦就是爱。关于爱，这里有几个身为家长不得不分清楚的概念。

1. 爱不是宠。

所谓宠，就是娇惯，什么都顺着他来，给他最好的，不让他受苦，让他拥有一切——房子、车子、工作，完完全全把孩子当作一个一无是处的弱者来对待。这么做的后果是什么呢？孩子真的就会变成一个弱者。他会形成这样的认知：离开父母自己什么都不是。房子是爸爸买的，工作是妈妈找的，车子是奶奶送的，甚至当他开始谈恋爱，他都会潜意识认为对方并不是真正喜欢他，而是喜欢他的工作、喜欢他的房子、喜欢他的车子，因为除了这些父辈给他攒下的物质，他没有任何东西能够证明自己。被宠大的孩子会变得缺乏自信，尤其男生，他们做事情往往没有底气。爱不是宠，爱不仅是给他想要的，也要给他需要的。而“宠”只是给了他想要的，且给得太过度了。

2. 爱不是纵容。

纵容，是完全忽视孩子犯的一切错误。有些人小时候经常被父母打骂，等他们长大当父母后，对自己的孩子就会有一种变态的补偿心理：绝对不能让孩子像自己小时候那么苦！所以他们一味地纵容孩子、毫不批评惩罚孩子。这样长大的孩子即使在成年以后，也会有一种“巨婴”心态：“我就是世界的中心，我想干什么就干什么！”他们甚至有可能走向犯罪，因为他们在家里是“皇帝”，步入社会以后发现自己并没有那么重要，巨大的心理落差有可能让他们形成危害他人的“反社会人格”。

3. 爱不是不让孩子吃苦。

这里所说的吃苦是指做家务、劳动、锻炼等体力活动。很多家长自以为是地剥夺孩子干体力活的资格，以为那是爱孩子的表现。殊不知，那样培养出的小孩却非常容易走向自卑——长那么大，碗都不会洗、饭都不会做，连自己的生活都搞不定……一旦遇到挫折，他就特别容易自我认定为一个“废物”。一个自我认定为“废物”的人，便很容易“破罐子破摔”，甚至会去“烂人”堆里找组织、找靠山，因为只有跟“烂人”在一起，他们才觉得自己有一点点的价值。

4. 爱不是牺牲。

牺牲，是指一个人放弃了原本属于他的东西，转而去成全别人，一方的长期牺牲会让接受牺牲的那一方产生强烈的负罪感。“我为了你操碎了心！”“要不是生了你，我早就……”相信很多家长都对孩子说过类似的话，这些话看似不经意甚至有点伟大，实际上却会给孩子造成巨大的心理阴影，孩子会认为，自己生下来是个错误，自己是父母的负担，是这个社会的累赘。充满负罪感的孩子一旦遇到挫折，会特别容易产生轻生的念头。

5. 爱不是贯注。

所谓贯注，就是一方把几乎所有的精力、时间、注意力都强加到另一方身上。很多父母会说这样的话：“你背的不是书包，而是全家人的希望。”“你一定要好好学习，我们全家人可都指望你了。”“你是我们唯一的希望。”……家长可能会觉得说这些话是在鼓励孩子，殊不知，这给孩子造成的心理压力远比鼓励的正向作用来得更猛。父母的长期贯注，极易导致孩子患上神经官能症，时刻提心吊胆，总认为自己不够好，不能达到别人的期望，并且习惯于把错误归结于自身，遇到任何问题都会怪自己不够努力……久而久之，神经官能症还会衍生出恐怖性神经症、焦虑性神经症、强迫性神经症、抑郁性神经症、神经衰弱等，这将严重摧毁孩子的身体和精神。

6. 爱不是严苛。

严苛与纵容相反，是指家长对孩子过分严肃、严格、严厉。“子不教父之过”，很多家长会担心孩子长大后变成坏人，或者会被社会淘汰，因此他们会在孩子小时候就对孩子极其严苛。孩子一旦稍有过失，轻则语言唾骂，重则棍棒伺候。这么做的后果是，孩子不敢有什么任性举动，将会过早地丧失童真，会对生活缺少触感，甚至长大后会变得极其冷漠和变态。因为，这样长大的孩子会以自己的标准去评判别人，他不犯错，也绝对不允许别人犯错。

7. 爱不是培养。

培养，是指家长按照自己的意愿对孩子进行栽培，其间伴随家长一厢情愿的灌输、修正及改造。很多家长，会将自己的梦想转嫁到孩子身上，单方面地希望孩子成为音乐家、医学家、科学家……却完全不听孩子的意见。被这样教育长大的孩子，他可能会有体面的头衔，会有不错的收入，甚至会在精英的圈层……但那可能都不是他想要的，他甚至根本不知道自己想要什么，因为，从小他就像机器一样，被父母灌输了思想，被父母包办了一切。

8. 爱不是复制粘贴。

所谓复制粘贴，就是父母会用自己的行动，主观或客观地将孩子变成和自己一模一样的人，和父母拥有一样的价值观、建立一样的社会地位、结识相同水准的人、拥有相同的兴趣爱好，甚至染上和父母一模一样的恶习。这样的家长其实是自卑心理作祟，因为他们喜欢控制孩子，怕孩子成长得比他们更好、更强大。只要孩子永远在他们的掌控范围之内，他们就可以说“你才哪儿到哪儿啊，我吃过的盐比你吃过的饭还多”，他们就可以一辈子在孩子面前当权威，掌握一辈子的话语权了。

以上八个对“爱”的错误理解，你和你爱人中了几个呢？如果你没有孩子，那么你父母又中了几个呢？前事不忘，后事之师，只有我们明明白白地看清楚了父辈曾在我们身上犯过的错，才有可能正视那些错误，纠正那些错误，才有可能让我们的孩子生活在一个更健康的环境中。

九、综上所述，关于教育，有以下五个核心观点，如果其中有你认同的，也请在□内打√。

□ 1. 我们的孩子生活在未来，无论老师还是家长，都在用过去的方式教育他。

□ 2. 很多家长的教育逻辑是，有好的幼儿园就会有好小学，有好小学就会有好成绩，有好成绩就会考上好大学，上了好大学就会找到好工作，找到好工作就会挣到很多钱，挣到很多钱就会幸福。

□ 3. 很多孩子，他们在整个成长过程中只有屈辱没有荣耀，父母说他不行，老师说他不行，同学说他不行，亲戚说他不行，邻居说他不行，媒体说他不行……从来没人说他行。

□ 4. 教育应该首先使孩子健康，身体健康和心理健康；着重培养孩子的兴趣，敢爱、敢玩、敢闯。

□ 5. 体育教育是解决目前教育问题的有效途径，应用对抗性体育运动（拳击、柔道等）训练孩子自信，应用集体性体育运动（冰球、篮球等）训练孩子合作，应用技能性体育运动（游泳、跑步等）训练孩子的求生能力，应用娱乐性体育运动（围棋、骑马等）建立孩子的品味……然而目前的状况是，我们的孩子只会做广播体操。

十、以上，我们提出了问题，总结了现象，分析了原因，阐述了核心观点。如果你不幸被言中，和大多数父母一样，不够爱孩子，也不会爱孩子，那么，我们对你有以下几条诚恳的建议。

第一步，接纳你自己。作为父母，我们首先要坦荡地接受一个事实，那就是，我们都是没有受过爱的训练的人，我们要告诉自己“我也是苦孩子出身，不会爱不是我的错，因为我也不容易”。

第二步，只有接纳才能放下，只有放下才能启程。从现在开始，让我们和孩子一起，来进行爱的训练，孩子是我们的导师、是我们的摆渡人，谢谢孩子给我们机会，让我们可以重新再来，可以重新好好地活一次，“孩子，现在开始还不晚，让爸爸妈妈和你一起，走进爱的训练营”。

第三步，放下了内心的负罪感，你需要更加透彻地分析自己的病因。前面我们分析的只是所有不爱孩子的人的共同原因，而现在，你的首要任务，是找到除共同原因之外的你的特殊病因，而找病因最简单的办法，就是从诊断自己的原生家庭开始。

现在就开始诊断吧！

A. 你父亲身上有哪些缺点？请一次性全部写下来。

B. 你母亲身上有哪些缺点？ 请一次性全部写下来。

C. 你身上有哪些缺点？请一次性全部写下来。

D. 你的这些缺点，有哪些是被你的父亲影响而成的？请一次性全部写下来。

E. 你的这些缺点，有哪些是被你的母亲影响而成的？请一次性全部写下来。

F. 你爱人身上有哪些缺点？请一次性全部写下来。

G. 你孩子身上有哪些缺点？请一次性全部写下来。

H. 你孩子身上有哪些缺点是被你影响而形成的？请一次性全部写下来。

I. 你孩子身上有哪些缺点是被你爱人影响而形成的？请一次性全部写下来。

答完上面几道题以后，你应该有勇气做一个决定，这个决定将影响你的一生、你爱人的一生、你孩子的一生及你孩子的孩子的一生……这个决定就是：

所有你的原生家庭带给你的伤痛，必须在你这一代终止！

为了给孩子一个更加健康美好的未来，从现在开始，你还应该痛下决心做一件事，那就是：

必须竭尽全力修正自己，修正那个被原生家庭塑造得七扭八歪的你自己，因为你的孩子最有可能模仿的人，就是现在的你。

其实，阅读至此，你应该已经知道：

你需要修正的地方有：

你爱人需要修正的地方有：

对于修正自己，你有没有信心？

□信心十足　□也许有吧

□一时兴起　□我觉得自己很完美，没有需要修正的地方

对于修正自己，你爱人有没有信心？

□信心十足　□也许有吧

□一时兴起　□我觉得自己很完美，没有需要修正的地方

如果你或你爱人觉得自己“病”得很重，对自己不是很有信心，那么怎么办？建议你们分开或一起去看一下心理医生，爱孩子是个要么造福三代，要么家破人亡的话题，请切勿讳疾忌医。

好了，今天，你已经认真剖析了自己的原生家庭，说不定你会感到很累、心情很灰暗。如果是，请暂停阅读。休息两天，等内心的阴霾散去，再接着看下一小节。

两天的休息时间里，请你思考一个问题：

你希望孩子成为一个什么样的人？

第三节　如何正确爱孩子

一、如何正确地爱儿子（父亲篇）

读到这里，你可能有一点难受，好像自己没有那么爱儿子，或许自己爱儿子的方式是错的。你一定特别想知道，到底怎样才是真正地爱儿子。

在心理学上，有这样一个常识：一个男人总会成为和他父亲一模一样的人，娶一个和他母亲一模一样的女人；一个女人总会成为和她母亲一模一样的人，嫁一个和她父亲一模一样的男人。

所以，爱你的儿子，最应该做的就是改变自己，给他一个好榜样，因为他无论如何都会学习你，模仿你，变成一个和你一模一样的男人。

以下是一个优秀的男人应该做到的事，请勾选出你希望儿子今后能做到的事。

□ 1. 每天看书 1 小时以上

□ 2. 愿意学习新的技能

□ 3. 有一项热爱的体育项目

□ 4. 坚持运动

□ 5. 有一项热爱并坚持的爱好

□ 6. 时刻注意自己的形象

□ 7. 饮食健康

□ 8. 作息规律

☐ 9. 经常整理打扫自己的房间

☐ 10. 能戒掉不良嗜好

☐ 11. 愿意思考

☐ 12. 懂得欣赏一门艺术

☐ 13. 会一门手艺，并能达到专业级别

☐ 14. 疼爱妻子、孩子

☐ 15. 无条件信任妻子、孩子

☐ 16. 有一份收入足够维持家人生活的体面工作

☐ 17. 经常给妻子、孩子惊喜

☐ 18. 尊重孩子，愿意与孩子做朋友

☐ 19. 每天陪妻子交谈

☐ 20. 每周带家人外出游玩一次以上

☐ 21. 一周至少四天回家陪家人吃晚饭

☐ 22. 记得妻子和孩子的生日，并准备礼物

☐ 23. 记得结婚纪念日，并准备礼物

☐ 24. 能准确说出妻子的喜好

☐ 25. 能说出孩子朋友的名字

☐ 26. 对家人有足够的耐心

☐ 27. 愿意为妻子、孩子做的任何事情承担后果

☐ 28. 努力帮妻子、孩子实现他们的梦想

☐ 29. 热爱自己的工作

☐ 30. 相信自己的同伴

☐ 31. 遵守法律

☐ 32. 坐公交地铁时会给老、弱、病、残者让座

□ 33. 遇到不公平的事，能挺身而出、伸张正义

□ 34. 尊重所有人

□ 35. 遇到冲突，能理智地想办法

□ 36. 接受与自己不同的人

□ 37. 犯错能坦然承担后果

□ 38. 善待妇女、儿童等弱者

□ 39. 守时

□ 40. 真诚地对待自己的朋友

□ 41. 有人求助，会全力帮助

□ 42. 能照顾朋友的感受

□ 43. 谈吐幽默

以下为一个优秀的男人决不能做的事，请勾选出你不希望你儿子做的事。

□ 1. 从不学习

□ 2. 从不思考

□ 3. 没有任何兴趣、爱好

□ 4. 暴饮暴食

□ 5. 作息混乱，经常熬夜

□ 6. 衣着邋遢

□ 7. 不爱干净

□ 8. 过分节俭

□ 9. 从不做家务

□ 10. 毫无主见

□ 11. 不努力工作

□ 12. 混日子

□ 13. 乱发脾气

□ 14. 控制妻子、孩子

□ 15. 打骂孩子

□ 16. 从不关心妻子

□ 17. 以加班、应酬为借口不回家

□ 18. 对家人无比吝啬

□ 19. 不尊重孩子的兴趣

□ 20. 不知道孩子的生日

□ 21. 自己不努力，却要求孩子努力

□ 22. 窝里横

□ 23. 从不帮助家人

□ 24. 出轨

□ 25. 嫖娼

□ 26. 过分纵容妻子、孩子

□ 27. 辱骂、殴打妻子

□ 28. 把妻子当成发泄性欲的工具

□ 29. 把妻子当成出气筒

□ 30. 把妻子、孩子当成自己的私有财产

□ 31. 欺负弱者

□ 32. 不喜欢自己的工作

□ 33. 乱扔垃圾

□ 34. 闯红灯

□ 35. 插队

□ 36. 行贿

□ 37. 走后门

□ 38. 滥用职权

□ 39. 侵吞公共财产

□ 40. 热衷于拉帮结派

□ 41. 过分讨好别人

□ 42. 不信任自己的同事

□ 43. 开车“路怒”

□ 44. 遇到不公平的事，冷眼旁观

□ 45. 喜欢炫耀自己

□ 46. 到处树敌

□ 47. 不为自己的行为承担责任

□ 48. 违法乱纪

□ 49. 对人阳奉阴违

□ 50. 出卖自己的朋友

□ 51. 利用自己的朋友

□ 52. 从不帮助朋友

□ 53. 过分干涉朋友的生活

□ 54. 纵容、怂恿朋友干坏事

勾选完毕后，请对照一下自己，你有哪些做不到的？你愿意你的儿子跟你一样吗？如果你的回答是愿意，请你保持，让你儿子更好地学习你。

如果你不愿意，请接着往下读，按照引导写下一个誓言。如果你的儿子5岁以上，请念给他听，让他知道父亲的决心。

在这之前请先确认一下，你是否真正爱自己的孩子！

我特别想知道怎样才是真正爱自己的孩子！

______________________________（请抄写一遍上面那句话）

______________（父亲签名）

【爱子宣言】

作为一个父亲，我希望儿子将来成为一个优秀的人，希望他能做到：

____

（请抄一遍上面那句话）

____

____

____

____

____

____

____

____

____

____

____

____

____

发誓人（签名）：__________　　　　爱人签字：__________

儿子签字（画押）：__________　　　　年　月　日

我的儿子会成为一个和我一模一样的人，为了让他成为一个优秀的男人，我决定改变自己，为他做一个优秀的榜样。

我决定从现在起，不惜一切代价做到以下事情：

（请抄一遍上面那句话）

发誓人（签名）：__________ 爱人签字：__________

儿子签字（画押）：__________ 年 月 日

作为一个父亲，我希望儿子将来成为一个优秀的人，不愿意他以后做：

（请抄一遍上面那句话）

发誓人（签名）：__________ 爱人签字：__________

儿子签字（画押）：__________ 年 月 日

我的儿子会成为一个和我一模一样的人，为了让他不成为一个糟糕的男人，我决定改变自己，绝不能给他做一个坏榜样。

我决定从现在起，无论如何坚决不做以下事情：

（请抄一遍上面那句话）

发誓人（签名）：＿＿＿＿＿＿　　爱人签字：＿＿＿＿＿＿

儿子签字（画押）：＿＿＿＿＿＿　　年　月　日

如果我做不到刚才所承诺的，我一定会勇敢地承认，我并不是那么爱自己的儿子。因为我觉得自己不可能变得优秀，我根本不相信自己，也不爱自己，一个连自己都不爱的人，肯定不会真正爱自己的儿子。

如果我做到了，我一定会保持下去，并且感谢我的儿子。他是我的恩人，因为我爱他，我希望他变得优秀，我才会改变自己，成为一个优秀的男人。

我亲爱的儿子，这本书我将永远保存着，等到你 18 岁成年时，我将再次拿出来念给你听，并把这本书送给你，让它永远陪着你，这就是我能给你的最好的礼物！

二、如何正确地爱女儿（父亲篇）

读到这里，你可能有一点难受，好像自己没有那么爱女儿，或许自己爱女儿的方式是错的。你一定特别想知道，到底怎样才是真正的爱女儿?

在心理学上，有这样一个常识：一个男人总会成为和他父亲一模一样的人，娶一个和他母亲一模一样的女人；一个女人总会成为和她母亲一模一样的人，嫁一个和她父亲一模一样的男人。

所以，爱你的女儿，给她一个好父亲才是你最应该做的。因为她将来会以你为标准，嫁给一个和你一模一样的男人。

以下是一个优秀的男人应该做到的事，请勾选出你希望女婿今后能做到的事。

☐ 1. 每天看书 1 小时以上

☐ 2. 愿意学习新的技能

☐ 3. 有一项热爱的体育项目

☐ 4. 坚持运动

☐ 5. 有一项热爱并坚持的爱好

☐ 6. 时刻注意自己的形象

☐ 7. 饮食健康

☐ 8. 作息规律

☐ 9. 经常整理、打扫自己的房间

☐ 10. 能戒掉不良嗜好

☐ 11. 愿意思考

☐ 12. 懂得欣赏一门艺术

☐ 13. 会一门手艺，并能达到专业级别

☐ 14. 疼爱妻子、孩子

☐ 15. 无条件信任妻子、孩子

☐ 16. 有一份收入足够维持家人生活的体面工作

☐ 17. 经常给妻子、孩子惊喜

☐ 18. 尊重自己孩子，愿意与孩子做朋友

☐ 19. 每天陪妻子交谈

☐ 20. 每周带家人外出游玩一次以上

☐ 21. 一周至少四天回家陪家人吃晚饭

☐ 22. 记得妻子和孩子的生日，并准备礼物

☐ 23. 记得结婚纪念日，并准备礼物

☐ 24. 能准确说出妻子的喜好

☐ 25. 能说出孩子朋友的名字

☐ 26. 对家人有足够的耐心

☐ 27. 愿意为妻子、孩子做的任何事情承担后果

☐ 28. 努力帮妻子、孩子实现他们的梦想

☐ 29. 热爱自己的工作

☐ 30. 相信自己的同伴

☐ 31. 遵守法律

☐ 32. 坐公交地铁时会给老、弱、病、残者让座

☐ 33. 遇到不公平的事，能挺身而出、伸张正义

☐ 34. 尊重所有人

☐ 35. 遇到冲突，能理智地想办法

☐ 36. 接受与自己不同的人

☐ 37. 犯错能坦然承担后果

☐ 38. 善待妇女、儿童等弱者

☐ 39. 守时

☐ 40. 真诚地对待自己的朋友

☐ 41. 有人求助，会全力帮助

☐ 42. 能照顾朋友的感受

☐ 43. 谈吐幽默

以下为一个优秀的男人决不能做的事，请勾选出你不希望女婿做的事。

☐ 1. 从不学习

☐ 2. 从不思考

☐ 3. 没有任何兴趣、爱好

☐ 4. 暴饮暴食

☐ 5. 作息混乱，经常熬夜

☐ 6. 衣着邋遢

☐ 7. 不爱干净

☐ 8. 过分节俭

☐ 9. 从不做家务

☐ 10. 毫无主见

☐ 11. 不努力工作

☐ 12. 混日子

□ 13. 乱发脾气

□ 14. 控制妻子、孩子

□ 15. 打骂孩子

□ 16. 从不关心妻子

□ 17. 以加班、应酬为借口不回家

□ 18. 对家人无比吝啬

□ 19. 不尊重孩子的兴趣

□ 20. 不知道孩子的生日

□ 21. 自己不努力，却要求孩子努力

□ 22. 窝里横

□ 23. 从不帮助家人

□ 24. 出轨

□ 25. 嫖娼

□ 26. 过分纵容妻子、孩子

□ 27. 辱骂、殴打妻子

□ 28. 把妻子当成发泄性欲的工具

□ 29. 把妻子当成出气筒

□ 30. 把妻子、孩子当成自己的私有财产

□ 31. 欺负弱者

□ 32. 不喜欢自己的工作

□ 33. 乱扔垃圾

□ 34. 闯红灯

□ 35. 插队

□ 36. 行贿

□ 37. 走后门

□ 38. 滥用职权

□ 39. 侵吞公共财产

□ 40. 热衷于拉帮结派

□ 41. 过分讨好别人

□ 42. 不信任自己的同事

□ 43. 开车“路怒”

□ 44. 遇到不公平的事，冷眼旁观

□ 45. 喜欢炫耀自己

□ 46. 到处树敌

□ 47. 不为自己的行为承担责任

□ 48. 违法乱纪

□ 49. 对人阳奉阴违

□ 50. 出卖自己的朋友

□ 51. 从不帮助朋友

□ 52. 过分干涉朋友的生活

□ 53. 纵容、怂恿朋友干坏事

勾选完毕后，请对照一下自己，你有哪些做不到的？你愿意你的女儿嫁的男人跟你一样吗？如果你的回答是愿意，请你保持。

如果你不愿意，请接着往下读，按照引导写下一个誓言。如果你的女儿 5 岁以上，请念给她听，让她知道父亲的决心。

在这之前请先确认一下，你是否真正爱自己的孩子！

我特别想知道怎样才是真正爱自己的孩子！

（请抄写一遍上面那句话）

（父亲签名）

【爱女宣言】

作为一个父亲，我希望女儿将来嫁给一个优秀的人，他（女婿）能做到：

（请抄一遍上面那句话）

发誓人（签名）：____________　　爱人签字：____________

女儿签字（画押）：____________　　年　月　日

我的女儿会嫁给一个和我一模一样的人，为了让她以后过得幸福，我决定改变自己，为她选择一个优秀的爱人做参考标准。

我决定从现在起，不惜一切代价做到以下事情：

____

（请抄一遍上面那句话）

____

____

____

____

____

____

____

____

____

____

____

____

____

发誓人（签名）：____________　　爱人签字：____________

女儿签字（画押）：____________　　年　月　日

作为一个父亲，我希望女儿将来嫁给一个优秀的人，不愿意他（女婿）做：

（请抄一遍上面那句话）

发誓人（签名）：__________ 爱人签字：__________

女儿签字（画押）：__________ 年 月 日

我的女儿会嫁一个和我一模一样的人，为了不让她嫁给一个糟糕的男人，我决定改变自己，绝不能给她做一个坏榜样。

我决定从现在起，无论如何坚决不做以下事情：

（请抄一遍上面那句话）

发誓人（签名）：__________ 爱人签字：__________

女儿签字（画押）：__________ 年 月 日

如果我做不到刚才所承诺的，我一定会勇敢地承认，我并不是那么爱自己的女儿。因为我觉得自己不可能变得优秀，我根本不相信自己，也不爱自己，一个连自己都不爱的人，肯定不会真的爱自己的女儿。

如果我做到了，我一定会保持下去，并且感谢我的女儿。她是我的恩人，因为我爱她，我希望她变得优秀，我才会改变自己，成为一个优秀的男人。

我亲爱的女儿，这本书我将永远保存着，等到你 18 岁成年时，我将再次拿出来念给你听，并把这本书送给你，让它永远陪着你，这就是我能给你的最好的礼物！

三、如何正确地爱儿子（母亲篇）

读到这里，你可能有一点难受，可能自己没有那么爱儿子，或许自己爱儿子的方式是错的。你一定特别想知道，到底怎样才是真正的爱儿子。

在心理学上，有这样一个常识：一个男人总会成为和他父亲一模一样的人，娶一个和他母亲一模一样的女人；一个女人总会成为和她母亲一模一样的人，嫁一个和她父亲一模一样的男人。

所以，爱你的儿子，给他一个好母亲才是你最应该做的。因为他将来会以你为标准，娶一个和你一模一样的女人。

以下是一个优秀的女人应该做到的事，请勾选出你希望你儿媳今后能做到的事。

□ 1. 每天看书

□ 2. 脸上总洋溢着笑容

□ 3. 时刻打扮自己

□ 4. 身材匀称

□ 5. 有一项自己的爱好

□ 6. 有自己的理想

□ 7. 有自己独立的判断

□ 8. 有养活自己的能力

□ 9. 不压抑自己的情绪

□ 10. 会耐心地照顾家人

☐ 11. 愿意帮助丈夫和孩子

☐ 12. 会变着花样给家人惊喜

☐ 13. 每到换季时都会给丈夫、孩子买衣服

☐ 14. 了解丈夫的爱好

☐ 15. 尊重孩子的决定

☐ 16. 每过一段时间学习一样新的菜品

☐ 17. 无条件相信自己的丈夫和孩子

☐ 18. 经常打扫房间

☐ 19. 会布置装饰房间

☐ 20. 对家人温柔体贴

☐ 21. 能准确说出丈夫、孩子的鞋码

☐ 22. 对陌生人善良

☐ 23. 尊重身边的每一个人

☐ 24. 待人热情

☐ 25. 言谈举止得体

☐ 26. 真诚地对待自己的朋友

以下为一个优秀的女人决不应该做的事，请勾选出你不希望儿媳做的事。

☐ 1. 经常对家人乱发脾气

☐ 2. 嫌弃自己的丈夫

☐ 3. 欺负自己的孩子

☐ 4. 贪慕虚荣

☐ 5. 饮食不节制

☐ 6. 过胖或过瘦

☐ 7. 总是愁眉苦脸

☐ 8. 没有自己的爱好

☐ 9. 完全没有主见

☐ 10. 总是依附男人

☐ 11. 没有养活自己的能力

☐ 12. 过分挑食

☐ 13. 花钱没节制

☐ 14. 不会做饭

☐ 15. 虐待小动物

☐ 16. 控制自己的孩子

☐ 17. 过分训练自己的孩子

☐ 18. 总是监视自己的丈夫

☐ 19. 经常抱怨

☐ 20. 爱和别人攀比

☐ 21. 待人冷漠

☐ 22. 凡事都要争个输赢

☐ 23. 脏话连篇

☐ 24. 不分场合大声喧哗

勾选完毕后，请对照一下自己，你有哪些做不到的？你愿意你的儿子娶的女人跟你一样吗？如果你的回答是愿意，请你保持。

如果你不愿意，请接着往下读，按照引导写下一个誓言。如果你的儿子 5 岁以上，请念给他听，让他知道你的决心。

在这之前请先确认一下，你是否真正爱自己的孩子！

我特别想知道怎样才是真正爱自己的孩子！

（请抄写一遍上面那句话）
___

（母亲签名）
___

【爱子宣言】

作为一个母亲，我希望儿子将来成为一个优秀的人，希望他能做到：

（请抄一遍上面那句话）

发誓人（签名）：__________ 爱人签字：__________

儿子签字（画押）：__________ 年 月 日

我的儿子会娶一个和我一模一样的女人，为了让他过得幸福，我决定改变自己，为他选择一个优秀的妻子做参考标准。

我决定从现在起，不惜一切代价做到以下事情：

（请抄一遍上面那句话）

发誓人（签名）：__________　　爱人签字：__________

儿子签字（画押）：__________　　年　月　日

作为一个母亲，我清楚地知道一个优秀的妻子，她不应该做的事：

____

（请抄一遍上面那句话）

____

____

____

____

____

____

____

____

____

____

____

____

____

____

____

发誓人（签名）：____________　　爱人签字：____________

儿子签字（画押）：____________　　年　月　日

我的儿子会娶一个和我一模一样的女人，为了不让他娶一个糟糕的女人，我决定改变自己，绝不能给他做一个坏榜样。

我决定从现在起，无论如何坚决不做以下事情：

（请抄一遍上面那句话）

发誓人（签名）：__________　　爱人签字：__________

儿子签字（画押）：__________　　年　月　日

如果我做不到刚才所承诺的，我一定会勇敢地承认，我并不是那么爱自己的儿子。因为我觉得自己不可能变得优秀，我根本不相信自己，也不爱自己，一个连自己都不爱的人，肯定不会真的爱自己的儿子。

如果我做到了，我一定会保持下去，并且感谢我的儿子。他是我的恩人，因为我爱他，我希望他变得优秀，我才会改变自己，成为一个优秀的女人。

我亲爱的儿子，这本书我将永远保存着，等到你 18 岁成年时，我将再次拿出来念给你听，并把这本书送给你，让它永远陪着你，这就是我能给你的最好的礼物！

四、如何正确地爱女儿（母亲篇）

读到这里，你可能有一点难受，或许自己没有那么爱女儿，或许自己爱女儿的方式是错的。你一定特别想知道，到底怎样才是真正地爱女儿。

在心理学上，有这样一个常识：一个男人总会成为和他父亲一模一样的人，娶一个和他母亲一模一样的女人；一个女人总会成为和她母亲一模一样的人，嫁一个和她父亲一模一样的男人。

所以，爱你的女儿，最应该做的就是改变自己，给她一个好榜样，因为她无论如何都会模仿你，成为一个和你一模一样的女人。

以下是一个优秀的女人**应该做到的事**，请勾选出你希望你女儿今后能做到的事。

□ 1. 每天看书

□ 2. 脸上总洋溢着笑容

□ 3. 时刻打扮自己

□ 4. 身材匀称

□ 5. 有一项自己的爱好

□ 6. 有自己的理想

□ 7. 有自己独立的判断

□ 8. 有养活自己的能力

□ 9. 不压抑自己的情绪

☐ 10. 会耐心地照顾家人

☐ 11. 愿意帮助丈夫和孩子

☐ 12. 会变着花样给家人惊喜

☐ 13. 每到换季时都会给丈夫和孩子买衣服

☐ 14. 了解丈夫的爱好

☐ 15. 尊重孩子的决定

☐ 16. 每过一段时间学习一样新的菜品

☐ 17. 无条件相信自己的丈夫和孩子

☐ 18. 经常打扫房间

☐ 19. 会布置装饰房间

☐ 20. 对家人温柔体贴

☐ 21. 能准确说出丈夫、孩子的鞋码

☐ 22. 对陌生人善良

☐ 23. 尊重身边的每一个人

☐ 24. 待人热情

☐ 25. 言谈举止得体

☐ 26. 真诚地对待自己的朋友

以下为一个优秀的女人决不应该做的事，请勾选出你不希望女儿做的事。

☐ 1. 经常对家人乱发脾气

☐ 2. 嫌弃自己的丈夫

☐ 3. 欺负自己的孩子

☐ 4. 贪慕虚荣

☐ 5. 饮食不节制

☐ 6. 过胖或过瘦

☐ 7. 总是愁眉苦脸

☐ 8. 没有自己的爱好

☐ 9. 完全没有主见

☐ 10. 总是依附男人

☐ 11. 没有养活自己的能力

☐ 12. 过分挑食

☐ 13. 花钱没节制

☐ 14. 不会做饭

☐ 15. 虐待小动物

☐ 16. 控制自己的孩子

☐ 17. 过分训练自己的孩子

☐ 18. 总是监视自己的丈夫

☐ 19. 经常抱怨

☐ 20. 爱和别人攀比

☐ 21. 待人冷漠

☐ 22. 凡事都要争个输赢

☐ 23. 脏话连篇

☐ 24. 不分场合大声喧哗

勾选完毕后，请对照一下自己，你有哪些做不到的？你愿意你的女儿变得跟你一样吗？如果你的回答是愿意，请你保持。

如果你不愿意，请接着往下读，按照引导写下一个誓言。如果你的女儿 5 岁以上，请念给她听，让她知道你的决心。

在这之前请先确认一下，你是否真正爱自己的孩子！

我特别想知道怎样才是真正爱自己的孩子！

______________________________（请抄写一遍上面那句话）

______________（母亲签名）

【爱女宣言】

作为一个母亲，我希望女儿将来成为一个优秀的人，她能做到：

____

（请抄一遍上面那句话）

____

____

____

____

____

____

____

____

____

____

____

____

____

发誓人（签名）：____________　　爱人签字：____________

女儿签字（画押）：____________　　年　月　日

我的女儿会变成一个和我一模一样的女人，为了让她过得幸福，我决定改变自己，为她做一个优秀的榜样。

我决定从现在起，不惜一切代价做到以下事情：

（请抄一遍上面那句话）

发誓人（签名）：__________ 爱人签字：__________

女儿签字（画押）：__________ 年 月 日

作为一个母亲，我希望女儿将来成为一个优秀的人，不愿意她做：

（请抄一遍上面那句话）

发誓人（签名）：__________　　爱人签字：__________

女儿签字（画押）：__________　　年　月　日

我的女儿会变成一个和我一模一样的女人，为了不让她变成一个糟糕的女人，我决定改变自己，绝不能给她做一个坏榜样。

我决定从现在起，无论如何坚决不做以下事情：

（请抄一遍上面那句话）

发誓人（签名）：__________　　爱人签字：__________

女儿签字（画押）：__________　　年　月　日

如果我做不到刚才所承诺的，我一定会勇敢地承认，我并不是那么爱自己的女儿。因为我觉得自己不可能变得优秀，我根本不相信自己，也不爱自己，一个连自己都不爱的人，肯定不会真的爱自己的女儿。

如果我做到了，我一定会保持下去，并且感谢我的女儿。她是我的恩人，因为我爱她，我希望她变得优秀，我才会改变自己，成为一个优秀的女人。

我亲爱的女儿，这本书我将永远保存着，等到你 18 岁成年时，我将再次拿出来念给你听，并把这本书送给你，让它永远陪着你，这就是我能给你的最好的礼物！

第四节　和孩子一起谈谈将来

思考了两天之后，你对孩子的期望有没有什么变化？你希望他/她长大后，成为一个优秀的人，还是厉害的人？

你要问："厉害"和"优秀"有什么区别？

厉害：是一个社会评价体系，它是指跟别人比，比别人有本事叫"厉害"。但是，厉害，厉者有其害。你希望孩子成为一个很"厉"的人，但你一定不希望他成为一个有"害"的人。

优秀：是一个自我评价体系，它是指跟自己比，比昨天的自己更好，比过去的自己更快乐、更健康、更富足、更端正、更进步，这就是"优秀"。优秀，优而能秀，秀指出众。

掌握这两个概念以后，你对孩子的希望将是：

请选择	厉害的人	请选择	优秀的人
	科学家		身体健康
	数学家		没有不良嗜好
	企业家		心态好
	有钱		善良
	有权		阳光
	有名		保持好奇心
	最强大脑		单纯而不傻
	运动员		人际关系和谐
	口才好		遇到真爱
	超模		找到愿意一辈子为之奋斗的事业
	歌唱家		有一到两项深度爱好

请选择	厉害的人	请选择	优秀的人
	嫁入豪门		有一技之长，保证自己不会被饿死
	智商高		意志坚定，经得住诱惑
	娶个明星		保持体面
	专家学者		懂得爱，懂得理解
	其他		其他

同样的题，请你的孩子也来做一遍。他/她对自己的希望是：

请选择	厉害的人	请选择	优秀的人
	科学家		身体健康
	数学家		没有不良嗜好
	企业家		心态好
	有钱		善良
	有权		阳光
	有名		保持好奇心
	最强大脑		单纯而不傻
	运动员		人际关系和谐
	口才好		遇到真爱
	超模		找到愿意一辈子为之奋斗的事业
	歌唱家		有一到两项深度爱好
	嫁入豪门		有一技之长，保证自己不会被饿死
	智商高		意志坚定，经得住诱惑
	娶个明星		保持体面
	专家学者		懂得爱，懂得理解
	其他		其他

第五节　老朱与小沈的对话

说到爱孩子，老朱也有非常惨痛的教训。老朱有个女儿，非常厉害，是个学霸，现在英国念书。但是在女儿的成长过程中，老朱也和大多数厉害但不优秀的父亲一样，做过很多伤害女儿的事，这些事造成了他和女儿之间到现在仍有一些未解的疙瘩。今天的访谈，让我们看看，老朱将如何一步步地揭开自己那些鲜血淋漓的疮疤。

小沈：我知道您是一位教育狂，却不知道是什么原因促成了您对教育的热情。

老朱：其实现在坐在你对面的是个做媒体的人，这个媒体人以前只是对教育有着朦胧的感觉。我的感觉只是和别人不一样，但从来没在这方面投入过精力。直到 1997 年 4 月，我女儿出生，我看到她的第一眼，就想给她最好的，而我给她的第一个诺言就是让她远离应试教育，实际上我很容易就做到了。这是我开始系统研究教育的一个契机。

那么在此之前，我对教育的兴趣和理解是怎么来的呢？我出生于农村，在农村长大，整个学校教育虽然让我摆脱了贫苦的命运，但实际上，我在整个上学期间，收获的大部分是辛苦、耻辱，是完全没有快乐的。你可以说吃得苦中苦方能改变命运，但我知道，改变命运还有其他的办法。

恰恰我前妻又是一个智商很高、超级有个性的人，她爸妈都是 20 世纪 60 年代的大学生，她打小在教育方面受到的压抑比我大得多。她爸爸特别希望她成名成家，但她又非常逆反，所以心里一直有个梗。正是因为我们都为自己曾经受到的教育感到痛心，等我们有了孩子，才会特别迫切地希望她远离这些。当时我和前妻都认为——我们女儿第一需要远离的灾难就是应试教育。

小沈：您希望自己在现行教育品质的提升上，发挥怎样的作用?

老朱：教育涉及的问题特别复杂，它是国家在训练自己的国民、家长在训练自己的后代、老师在塑造自己的“产品”。这三者在目前来看，存在比较严重的脱节。这个脱节不好改，因为它要改，整个国家的教育都要颠覆，所有家长的价值观都要颠覆，所有老师的教学方法、教育理念都要颠覆。你去买一本美国中学教材或者看一本书《遭遇美国教育》，就知道这个工作有多复杂了。就拿改变老师来说，你想要改变老师，就要建立完善的师范教育体系，那谁又去教师范学校的学生呢？牵一发而动全身，这是非常复杂的。

目前已经有很多人开始对现有的教育心存怀疑，大家开始各自在想办法，这已经是个好现象。有人为孩子移民，有人因为孩子办国际学校，有人辞职在家陪孩子……已经有很多家长在做这些事情，只是很少有人把它体系化，把它作为一个工作来做。

所以你问我有什么作用，我觉得最大的作用有两个。第一是鼓励人们为自己的孩子开始行动，通过媒体这个平台，我要让那些行动的家长知道他们不是孤独的，是有同路人的。比如说，小沈你一个人在城南，辞职在家带孩子，你会觉得特别恐怖，像一个人走夜路一样。但我在广播里一喊，你会发现，其实还有很多人走这条路，我就会给你壮胆，增加你的力量感。第二个就是，其实媒体就是这样子，让沉睡的人苏醒、让苏醒的人关注、让关注的人思考、让思考的人行动、让行动的人扩散，这就是媒体的力量。我作为一个媒体人，每天都在吼，一年影响一百个人，这一百个人如果每人发一个朋友圈就可以影响一千个人，不复杂。

小沈：那您心中有没有比较理想的家庭教育？

老朱：家长首先要信任孩子。你不要担心他/她犯错，对孩子的信任是第一位的。很多家长说你为什么会认为孩子不会学坏呢？孩子绝大部分行为和价值观都是在父母身上学的，如果你不是一个杀人犯，你身上不是左青龙右白虎，你的孩子是很难学到这些的。言传身教，身教排第一位。所以你不用担心，因为你自己就不是一个犯罪分子。

小沈：万一家里就有犯罪分子呢？

老朱：如果家里有，那哪里还是教育孩子的问题，你首先要教育自己，自己打110，先去自首，是不是这个道理？看我们这篇文章的人，说他一边犯罪一边看这篇文章？好像不太可能。再者说，真正犯罪的人，他都希望保护自己的孩子，让孩子不要再走他的老路。另外，古人讲“树大自直”，孩子是长大的，不是教大的，他/她是自带健康向上的生命力的。所以我认为，家庭教育的第一位是你要相信孩子。

家庭教育的第二位则是，你要从心理上纠正过来——你是在和小孩一起成长，陪他/她从0岁长到18岁，这对你而言是件特别美妙特别幸福的事，你不能认为这是个负担。“我今天本来要出去打麻将，结果因为孩子不能去”，不是这样的。你要给自己树立一个价值观，孩子的成长，也是你再一次成长的机会。本来你不会游泳，因为陪小孩你就会游了，再也不会不敢下水；本来你不会弹钢琴，因为小孩要学，你也就顺带学会了钢琴，你的人生从此就多了一项技能。孩子是大人的老师，你要有兴趣做一次他/她的同学，做一次他/她的球友，做一次他/她的玩伴。像我这种人，因为有了孩子才念古书，结果现在号称半吊子文艺学家。

一是你相信孩子；二是你跟孩子在一起很快乐，同时你也在不断地学习。我觉得有这两条就够了。

小沈：你理想中的学校教育又是怎样的？我们分阶段说，理想的幼儿园、小学、中学和大学。

老朱：学校的教育我们把它分成两段，K12（12岁之前的）教育和大学教育。K12的教育，最重要的是树立孩子正确的价值观、世界观和人生观。我们把一个孩子送到学校去，不是把他/她送进监狱、送到劳改所、送到医院。孩子不是来劳动改造的，他/她不是一个病人来治病的，他/她也不是来训练成功学，不是来学习如何当总统、如何成为企业家的。就是第一我们不能认为孩子是一个犯人或者病人，第二我们不能把孩子看成一个难民，好像不听老师的话将来就会饿死。

那么，12 岁之前，孩子为什么要去学校？他一定是为 12 年快乐生活而去、为成长而去的。那成长又是什么呢？不是成功不是改造。成长，第一是身体的健康成长，孩子和同学一起，在娱乐的过程中，会增加他 / 她运动的欲望及运动的能力。第二是心理的成长，学会和别人打交道，培养自信心，培养学习能力，孩子之间互相激发好奇心，培养纪律感……这些都是将来适应社会的基础训练。

K12 的教育核心是要把孩子训练成优秀的人，而不是厉害的人，这句话我是对应大学而说的。自律、健康、快乐、善良、友善、遵纪守法，这就叫优秀。大学的教育任务则是把原本已经被训练得很优秀的孩子再训练成厉害的人。比方说，一个孩子因为受过好的 K12 教育，已经变成一个很优秀的人，人品、道德、身体这些，他 / 她再受了良好的大学教育后，就可以变成厉害的人，成为科学家、政治家、教育家。

而到了大学，“大”是什么意思？“大”在古汉语里是“说了算”的意思，“官大人”“父亲大人”，现在有“老婆大人”，能用“大人”称呼的都是在某个领域有发言权的人。那什么叫“大学”呢？大学，大师之学。何谓大师之学？即为天下谋利益、为人类谋福祉的学问，就是要培养为公共利益说话、能够顶天立地的人。什么叫顶天立地？就是能为黎民百姓撑起一片蓝天、建设一方土地。

所以，整个 K12 教育是让孩子变成优秀的人，所谓优秀的人就是能够独善其身的人；K12 以后的教育才是让孩子变成厉害的人，兼济天下的人。但是在我们这里，比较麻烦的问题出在哪儿？一个人你只要不厉害，就是一个路人甲；你只要厉害了，大家就认为你很优秀。事实哪是这样呢？比如，我说马云不优秀，很多人就会质问："你说人家不优秀，人家怎么会赚那么多钱呢？"你看，他把厉害和优秀混在一起。又比方说你，小沈，你可能不是一个特别厉害的人，但你是个很优秀的人。自食其力，有自己的精神世界，照顾老人，照顾孩子，体谅自己的父母，在这个社会上给很多人带来帮助。虽然不能挥斥方遒，但也能独善其身。我们今天这个社会，特别需要优秀的人，反倒不缺少厉害的、成功的人。

小沈：我知道您有一位非常优秀的女儿，目前在英国读大学。您是如何"爱"她的？在她与您共处的年岁里，您给她最好的东西是什么？

老朱：我女儿可能是为数不多的体会过父母为了她可以付出巨大代价的孩子，并不是牺牲，而是愿意付出、快乐地付出，能够有这种感受的孩子真的不多。比方说她妈为了陪她可以不上班；比方我，每个礼拜给她上课，从不请假；比如，她不想去学校，就可以不上学；等到她想上学的时候，我就为了她念书，自己办了一所学校。

另外，有两个观念，我觉得我是传达到她身上了的。第一是勇敢做自己，不要怕做少数人，不要管别人，要有自己的判断力，这是很重要的。第二就是要对自己负责任。

总体来说，我小孩跟我待在一起的 14 年里是超级自由的。

有人问自由会不会变坏？其实不会，家长坏，孩子才会坏。自由反而会给她带来自律和自信。

小沈：在女儿的成长过程中，您有哪些遗憾？这些遗憾如今都造成了怎样的影响？

老朱：遗憾肯定就是离婚。她 15 岁时我们父女就翻脸了，现在她快 21 岁了，这 6 年里她拒绝跟我见面，失去很长时间的陪伴，这是一个无法弥补的遗憾。但这还不是最要命的，最要命的是，在我和女儿一起生活的那些年里面，我是一个心理特别不健康的人，我很多心理上的不健康会发泄到我女儿身上，她因此受到了很多伤害。比如，我以前很自卑，有被害妄想症，如果女儿跟我顶嘴，我就会觉得她看不起我，就会暴跳如雷；比如，以前我经常吼她，会特别着急、特别强势，会让孩子误以为我不爱她。像（以前的）我这种不健康的人会有一个特别明显的现象，就是好的时候特别好，不好的时候说翻脸就翻脸。其实我每翻一次脸都会给孩子心理上造成很大的创伤，我现在都不知道该怎么去弥补，因为目前还不太看得出来结果。

所以我多次说，我曾经是个特别糟糕的人，一方面我真的已经治愈了，变成了一个克己复礼的健康人；另一方面也是借自己黑暗的过去给读者们一些勇气，你再糟糕也很难比我糟糕，你过去比我糟糕，未来也可能比我更好。

小沈：您觉得您和女儿之间的心结什么时候能解开呢？

老朱：这不是我个人能决定的，但是我会做出不懈的努力，因为现在她还没放下。分开这段时间，我每天都很自责，但这个自责，后来也消解了，我最终原谅了自己。因为我终于知道，过去那个我是个病人。可女儿不知道这个情况，她认为我是个正常人，只是这个正常人不爱她、不喜欢她，这是她的理解。

所以什么时候会和好？我觉得，首先要等我女儿放下的那一天，我才有机会去跟她聊。如果现在我去跟她说："闺女，我原来有病，请你原谅我。"因为心理上的病，我没办法拿一个病情证明给她看，她可能会说："你以前吼我，现在不敢承认，还来演苦肉计。"如果出现这个局面，反而会给她造成新的伤害。所以我在等一个契机，等她打开心扉的那一天，愿意见我的那一天。

小沈：您愿意当着所有读者的面，给女儿写封道歉信吗？

老朱：肯定会愿意。我和我女儿的妈妈分开以后，我想过很多次应该怎么跟她道歉。如果允许的话，我真的会写封道歉信，说不定我女儿会通过这本书看到。

小沈：说不定她看到后，您等的契机就到了。

老朱：是，写书就是这样子，很难讲它的作用到底是什么，说不定因为这本书，我和我女儿真的就和好了。如果是那样，这本书不要说30元，1000万元都值了。真的很难讲，你赤诚热血地去做一件事，它最终会带来什么。我想，这也会给我们的读者带来很大的鼓励。

小沈：我看了您写给女儿的信。到现在，我已经是看第五遍了，还是忍不住泪眼蒙眬。我落泪的原因，不是您写得感人，而是您描述的那些案例。也许，我们每个人的父亲都犯过类似的错，只是他们浑然不觉而已。我想说，朱囡囡刚出生的时候，您给自己的要求可能是1000分，最终只做到了990分，你就会很自责、很难过。殊不知，我们身边很多人，孩子降临的那一瞬间，对自己的要求只有10分，结果一不小心得了0分，还不以为意。

无论如何，这封信看哭了很多人，也被很多人诟病。那都不重要，重要的是，您在信中提到，您现在的太太已经怀孕了。我想知道的是，过去您做得不尽如己意，您认为，当您的第二个孩子出生时，您将会是一个怎样的父亲？您希望他在怎样的环境下长大，成为什么样的人？

老朱：在我女儿很小的时候，其实我自己也是个孩子，既不健康也不成熟。尤其我们这些下海的一代，年轻时每天做着发财梦，把自己的生活搞得鸡飞狗跳。我现在再有孩子，他的生活环境肯定会和我女儿完全不一样。比如现在，我有钱、有时间，最重要的是，我有健康的心态。

一个经历过失败的人，会特别知道怎么重新来过。所以，对于我的第二个孩子，第一，我会希望他在一个富足、安定、充满爱、充满生命觉醒感的环境下生活；第二，我肯定不会像过去培养我女儿那样，希望他成为出类拔萃的人、厉害的人。如果他跟我说“爸爸，我特别喜欢去当个自行车手”，我会说“没问题”；如果他说“我想去当个游泳教练”，我也会觉得很好。

我会特别放松地希望他成为优秀的人、开心的人。

小沈：最后，请用一句话总结，到底什么是爱孩子？

老朱：爱孩子就是为了孩子好而把自己变得更优秀。而什么是为孩子好？也是让孩子变得更优秀。关于什么是“优秀”，“优秀”和“厉害”的区别，我已经在之前的文章里阐述过了，目前，我正在为我即将出生的孩子写一本汉字字典。

【附：老朱写给女儿的道歉信】

儿子（老朱对女儿的称呼）：

我是老朱，6年没见面了，我很清楚，这是你最快乐的6年，身边少了一个恶魔，少了一个言而无信、喜怒无常、灵魂丑陋的病人。对你而言，是件多么轻松的事，这也许是我能给你的唯一帮助：远离我，就是远离痛苦。作为一个父亲，总是能够找到帮助自己女儿的办法，哪怕是一个罪犯、一个神经病。

我特别感谢你，你对我的鄙视、厌恶、愤怒、摆脱、远离，成为我持续自我反省、自我诊治的原动力，这个原动力终于让我今天能够有勇气直面自己的丑陋与觉悟，直面自己给你和你妈妈造成的伤害，直面我人生47年来内心的全部扭曲和病痛。可喜的是，现在我终于好了，我自己开了一档专门研究心理健康的广播节目，尝试着写作、出版一些书，一方面是为了对自己进行持续的治疗，另一方面也希望能够帮到一些和我有相似病症的人。这是我仅有的赎罪方式，也是我直面未来的力量源泉。我曾经是个令你恶心的人，但我不能也不愿永远这样下去，我必须拥有一个健康的姿态，等待你的原谅，哪怕还有很多年，哪怕是来生，我都会等。

今天给你写这封道歉信，分为三个部分。其一，我想回忆一下你出生时我们父女是怎么相处的；其二，我将系统地忏悔我对你造成的伤害；其三，是我对以后我俩相处方式的设想。

这封信，我会让你妈妈转给你，也会印在我即将出版的第一本书里，作为我的忏悔。

1997年4月29日下午3点左右，我们俩认识。你从徐州市第一医院的产房里来到这个世界，我看见你的第一眼，就觉得你和其他小孩不一样。别人的小孩抱出来眼睛都是闭着的，而你的眼睛是睁着的。当时你一脸茫然地看着我，好像很熟悉的样子，你的眼神放松、自信，没有任何陌生感，特别平静。我看到你的第一眼，则是激动无比、泪如雨下。说实话我心理素质特别差，特别容易哭。我亲了你一下，就飞奔回盗马井的家里给你妈妈拿换洗的衣服。我一路狂奔，经过古彭广场与中山路、淮海路交叉口的花店，花几百块钱买了一大捧玫瑰花。这是我人生第一次给女人送花，我拿着花一边跑一边说："见美女啦。"特别不好意思，特别害羞。回到医院时，病房的人把我夸惨了，那年头买花送人还比较洋气。当时的病房里有8个小孩，只有你的床头有一捧鲜花。

你出生时我在徐州大地集团当广告总监，27岁，有很多部下，他们来医院看你。有一天晚上，我在医院走廊外头抽烟，一朋友走过来说："老朱你生了这么好一个丫头，应该指着天上的星星给孩子许下一个诺言。"我说："成。"我许下的诺言是："决不让我的女儿接受应试教育！"

哈哈，你可能会觉得特别土。但你要知道，1997年，我骑个破自行车，连护照长什么样都没有见过，竟敢说出这样的大话。可我真的不想让你去吃我曾经吃过的苦。

这个愿望实现了，我为你办了一所学校，在你读初二时就把你安排到英国去读书，也算实现了自己的诺言。

剩下的事情就变了，我们父女之间的关系就进入了一个病态模式，好的时候极好，不好的时候极差。今天给你写道歉信，我要把你知道的和不知道的事情，主要是我的丑恶全部告诉你。知道坏人有多坏，远比知道好人有多好更有价值。我在你身上犯的罪有以下多条。

1. 1998年春节，你妈妈的舅舅一家人在我们家过年。他们家的小女儿比你大一岁，吃饭时你和她打起来了，使劲儿哭，我当着全家人的面大声吼你："别哭了！"结果你外公把筷子往桌上一摔："朱亚，你把她杀了算了！"这是你外公第一次也是唯一一次对我发火！

对不起！

2. 2000年10月，我在一家广告公司当总经理，你妈妈在一家保险公司上班，经常出差。有一次她又出差了，让你在幼儿园卢老师家吃晚饭，我晚饭后去接你。结果我喝醉酒忘了，把你放在卢老师家过了两个晚上，后来你妈妈和我大吵了一架！

对不起！

3. 还是在2000年到2002年期间，你妈妈经常在外地出差，我在家带你，有5次以上，我给你做好早饭让你吃，你哭着不吃，我一生气把你拉到门外，关起门吓唬你说："不要你了！"

对不起！

4. 2001年，有一次我同事组织一帮人开车去四姑娘山自驾游，回来的路上你晕车，一会儿下车吐，一会儿上车哭，整个车队四五辆车都走走停停。结果我在车上和下车后都大声吼你，严厉斥责你："不要哭！"当时同事就说了我一顿。

对不起！

5. 2002年春节，我同事和他女朋友组织我们全家去贵州安顺过春节。在黄果树瀑布，你拉着你妈妈非要在旅游景点买东西，不让买你就坐在地上哭，结果我骂了你一顿，就拖着你往外走！

对不起！

6. 2002 年，我们住在水碾河的时候，有一次倪叔叔和田阿姨到家里玩，你突然抓了一把药片吃进嘴里，我惊吓之余一巴掌打在你屁股上，你把嘴里的药片吐了出来，然后大哭。因此，你妈妈和我吵了一架，这也是我唯一一次打你！

对不起！

7. 2005 年，我们住在府河音乐花园，有一天我在外面喝醉了酒回家，你和你妈妈一起说我，结果我朝你们大吼大叫。你怕我打你，在大热天跑进房间穿了一条棉裤躲进卧室。这是第二天你妈妈告诉我的，我当时完全喝醉了！

对不起！

8. 2006 年，我在《成都晚报》上班，单位组织我去澳大利亚和新西兰旅游，我把你带上了。那次旅游，我犯了以下三个错误。A. 到达墨尔本当天晚上，我在你睡着后把你一个人放在房间，自己去大堂酒吧喝酒。B. 在布里斯班唐人街吃饭，午饭是自助餐。你自己只吃蛋炒饭，我给你拿的其他好菜你都不吃，结果我当场对你发火。C. 在悉尼的那天晚上，我为了和同事去逛酒吧，把你托付给同行的周阿姨。结果半夜 12 点，周阿姨把你独自一人留在了房间，也来到了酒吧。独自在房间的你，当时只有 8 岁！

对不起！

9. 2007年，在水碾河的房子里，有一天吃午饭，在饭桌上我说你要学会把自己的床被整理干净，结果你说你同学比你还懒，我突然发火把筷子摔到地上，骂了你一顿！

对不起！

10. 2007年，我们一家三口去欧洲旅游。在巴黎机场换登机牌，排队的时候，我给你讲“gate”是大门、入口的意思，让你记住，以后一个人坐飞机才知道怎么走。你和你妈妈同时说我英语很臭，只能哄小孩，结果我当场把护照摔在地上，拂袖而去，搞得你们俩非常难堪！

对不起！

11. 2007年，我们住在府河音乐花园，有一天我送你上学，下楼梯时，我鼓励你从四级台阶上往下跳，结果你不敢跳，我把你大骂了一顿！

对不起！

12. 2009年，我们和同事一家人去广西北海玩儿，第二天下午你在房间做作业，我怎么喊你去游泳你都不去，结果我把你大骂一通！

对不起！

13. 2011 年，我和你妈妈闹离婚。有一天我在你小姑家吃饭，你在英国和我视频，我给你解释说我和你妈妈的婚姻出了问题。你说：“我不管，只要你和妈妈离婚，我就恨你，一辈子不理你！”这句话一下子把我点燃了，我对着屏幕大吼大叫，你绝望的表情我到死都记得！

对不起！

丫头，这封信我早就该给你写的，但是我没有勇气，我们父女俩被上帝安排在一个家里，可能是上帝和我们开了一个很不好笑的玩笑！2017 年 12 月 15 日，我坐在 26 楼的办公室里，用一支签字笔和 A4 打印纸一口气写了 15 页的道歉信，手都酸了，这是我一次性写字最多的时刻。我知道我给你的伤害特别大，也知道我肯定还干过很多比这些更可怕、更可恶的事，我带给你的伤害会对你未来的人生产生怎样的后果，我不敢想象，但我敢面对！

朱囡囡，对不起！

我现在变了，变化很大。不抽烟、不喝酒、不打牌、不在外面吃饭、不出去应酬、不撒谎、从不跟人吵架、脾气好得很。你是我的恩人，是你让我的生命变得有意义。我以前很丑恶，干了很多伤害你和你妈妈的事，这些事成为我每天都要面对的罪恶，也成为自我反省的巨大动力。现在，我坚持看心理学的书，坚持自我诊治，我找到了自己的病因，也找到了自我救赎的勇气。谢谢你，你是上帝派给我的礼物，让我发现自己的丑恶，我给你带来的伤害，也会成为我内心永远无法放下的十字架，至死都无法原谅自己！

对不起！

朱囡囡，和你们分开以后，我经历了很多，也感悟了很多，现在又重新组建了家庭，马上还会有一个新的孩子。我现在坚持看书，平时做一档心理健康的广播节目，写书，开公司，做点小生意，过得很健康，生活特别平淡、安静。你现在也是个大姑娘了，健康、优秀、充满希望。你可能都忘了我长什么样子了，没有关系，忘记挺好的，记忆里少了一个丑陋的人，你的人生会更轻松一些！对我而言，还有比这更好的结果吗？忘了这个伤害过你的人吧！

不过你放心，老朱这个人，虽然人品不怎么样，性格也很差，但是敢于承担责任。未来的生活中，我不会对你有任何要求，包括原谅。你要和你妈好好相处，遇到事情要和她商量，她很厉害，也很爱你。如果你遇到了你们俩都无法解决的问题，找人带个话给我，我来。见不见面都可以，随你。至少，我不犯病的时候，还是挺好的。记住，这个世界上有一个你讨厌的男人，愿意给你帮助！如果哪天我不在了，就没有办法了！

对不起！

朱 亚
2017 年 12 月 15 日 成都

（2017 年年底，这封信通过老朱女儿的同学带到了英国，在这本书出版前，老朱已经与女儿和好。）

第二章

我真的不爱伴侣

【阅前测试】

一、请凭直觉回答：你爱你的爱人吗？

□ A. 爱　□ B. 不爱　□ C. 不知道　□ D. 没想过

【注】

1. 如果你有爱人，请根据自己的情况答题，做完后让你爱人也做一遍；

2. 如果你没有爱人，请根据父母的情况答题，如“你认为，你爸爱你妈吗？”，做完以后，交换角色再做一遍，如“你认为，你妈爱你爸吗？”。

二、你确定你真的爱他 / 她吗？你确定他 / 她真的爱你吗？你确定你爸真的爱你妈吗？你确定你妈真的爱你爸吗？

回答之前，请再温习一下我们为您准备的“爱的小贴士”。

爱，是为了对方好而心甘情愿地付出。

1. 爱是为了对方

爱的目的，不是回报自己，而是全然为了你爱的对象，除非你爱的对象恰恰是自己，当然这也非常值得鼓励。

2. 爱是为了对方好

为对方好，是让对方变得更优秀，而不是更厉害。厉害，是一个社会评价体系，指跟别人比，比别人有本事，比别人赚钱多，比别人力气大……而优秀是一个自我评价体系，跟自己比，比昨天的自己更好，比过去的自己更快乐、更健康、更富足、更进步……优秀优秀，优而能秀，优秀终将走向厉害，厉害却不一定走向优秀。

3. 爱是为了对方好而心甘情愿

心甘情愿，不是奉献，奉和献是矮化自己，像奴仆一样跪下来彬彬有礼地呈上。在爱的人面前，你无须跪着，也无须自我矮化。

心甘情愿，也不是牺牲，牺牲是死掉了、是痛苦的、是容忍的、是委曲求全的，而心甘情愿是快乐的、是满足的、是温暖的、是喜悦的。

心甘情愿也不是责任、不是义务、不是规则、不是制度……没有人要求你这么做，你不这么做既不会受到法律的惩罚，也不会受到道德的谴责。心甘情愿是，即使你不做并不会损失什么、做了也不会得到什么，你仍然义无反顾地要做它，而且力求做得更深一些、更久一些。

4. 爱是为了对方好，而心甘情愿地付出

爱不是一句口号，它必须有所行动、有所付出。然而，你能付出什么——时间？没完没了的耐心？永远自律？永不消亡

的勇气？永远好脾气？……你能付出什么？

爱，是为对方好而心甘情愿地付出。

那么，爱伴侣，就是为了那个叫____________的人好，而心甘情愿地付出一切。

三、看完了“爱的小贴士”，如果你仍然确信你真的爱他 / 她，那么以下 24 件事，你应该全都做到了，对吧？如果你做到了，请在对应□内打√。

【注】

1. 如果你有爱人，请根据自己的情况答题，做完以后让你爱人也做一遍。

2. 如果你没有爱人，请根据父母的情况答题，如“你确定你爸真的爱你妈吗？”，如果你确定你爸真的爱你妈，以下 24 件事情，你爸都做到了几件呢？做完以后，请交换角色再做一遍，如“你确定你妈真的爱你爸吗？”，如果你确定你妈爱你爸，以下 24 件事，你妈又做到了几条呢？

3. 做题之前，请保证，以下你做的每一个选项，都是真实的。因为这本书是你写的，也是写给你看的，对自己撒谎特别没意思。

□ 1. 从不觉得别人妻子比自己妻子漂亮，从不觉得别人丈夫比自己丈夫帅。因为，当你真实地觉得别人妻子比你妻子漂亮，别人丈夫比你丈夫帅的时候，其实你内心已经生出了对他 / 她的厌恶感。

☐ 2. 我很清楚我爱人的人生目标，我正在全力以赴地帮他 / 她实现。

☐ 3. 我很清楚我爱人最大的人生遗憾，我正在全力以赴地帮他 / 她弥补。

☐ 4. 在爱人面前，我没有任何秘密。过去的秘密我全都已经向他 / 她坦白，未来我也不会有任何需要隐瞒他 / 她的事情。

☐ 5. 关于未来，我们有共同的目标和理想，我们都在朝着共同的方向努力。

☐ 6. 在内心深处，我从未想过换人，剩下的每一天我都想和他 / 她度过。

☐ 7. 因为爱人的存在，我的生命变得更有价值、更快乐、更有力量；因为我的存在，他 / 她也变得更好。

☐ 8. 我们很少说分手或者离婚，一年绝不超过三次。

☐ 9. 吵架以后，我会主动向爱人认错，而不是冷战。

☐ 10. 产生分歧时，我从不对爱人讲大道理。我很清楚地知道，他 / 她是我的爱人，而不是我的学生，不是我的客户，更不是我的部下；我很清楚地知道，爱情是用爱来维系的，而不是用大道理来维系的。

☐ 11. 跟爱人吵架我从不在乎输赢。赢了战争、输了爱情的事屡见不鲜，我很清楚地知道，与爱人争输赢最终只会两败俱伤。

☐ 12. 我对爱人没有控制欲望，我从不要求他 / 她向我做行踪汇报。

□ 13. 当爱人询问我的动向，我认为他 / 她是在关心我，而不是要控制我。因此，我不仅不会拒绝回答，更不会产生厌恶感。

□ 14. 爱人就是我最好的朋友。我相信，最好的亲密关系也是最好的朋友关系，如果我跟他 / 她都不知心而跟别人知心，只能证明我们的亲密关系是貌合神离。

□ 15. 爱人过去犯下的所有错误，都获得了我的原谅。我不再揪着那些旧事不放，每当想到那些旧事，我不再有任何不快，我已将往事永久地放下了。

□ 16. 忠诚。我敢以亲人的名义发誓，我从未出过轨、从未嫖过娼、从未包过小三，并且以后也永远不会出轨、永远不会嫖娼、永远不会包小三。

□ 17. 我从不偷看爱人的手机。不看爱人的手机，不是我故意克制自己不去查他 / 她的聊天记录和通话记录，而是压根儿没有查的欲望。因为我爱他 / 她，所以相信他 / 她。

□ 18. 我从不操控爱人的财务，致使他 / 她手头紧张。

□ 19. 我绝不泼爱人的冷水，任何时候我都支持他 / 她、鼓励他 / 她。有人认为泼冷水是激将法，可以让爱人更上进、更成功。但在泼冷水之前，我首先需要问自己：我希望他 / 她上进的目的是什么？他 / 她上进的结果是更有钱、更有权、更有名？那究竟是我想要的还是他 / 她想要的？如果是我想要的，不用说了，我一定不爱他 / 她；如果是他 / 她想要的，泼冷水只会让他 / 她远离那个目标。

□ 20. 我乐意并且有能力跟爱人一起做他 / 她感兴趣的事。

爱人的兴趣、爱好是什么？我理解、认可并且永远支持他 / 她追求那个兴趣、爱好吗？我愿意跟爱人一起做他 / 她感兴趣的事吗？当我跟他 / 她一起做那件事的时候，我会全身心地投入吗？当我全身心投入时，我会和爱人一样充满快乐地享受它吗？如果有一个答案是否定的，那么我知道我其实并不是特别爱他 / 她。

□ 21. 我总能跟爱人一起特别愉快地旅行。衡量爱不爱一个人，就跟他 / 她一起去旅行。如果连旅行时，我们都要吵架，恐怕我是真的不爱他。

□ 22. 我总是快乐地分担家务。家务，即一个家庭的内务。很难想象，家庭成员对家庭内务完全置身事外是出于怎样的心理，大男子主义 / 大女子主义？自私自利？不爱对方？其实，一个大男子主义 / 大女子主义、自私自利的人本来就不可能是懂“爱”的人。

□ 23. 我总是快乐地承担带孩子的工作。孩子是爱的结晶，也是家庭的纽带。如果我爱他 / 她，而不愿意陪伴我和他 / 她的结晶、不愿意系紧我们的纽带，我的爱又要落实到哪里？

□ 24. 最后一条，我绝不打、骂对方。就像舍不得打、骂我的孩子，我也同样舍不得打、骂我的爱人。

那么，如果你有爱人，你自己做到了几条呢？你爱人又做到了几条呢？

如果你没有爱人，以你对你父母的了解，你爸做到了几条？你妈又做到了几条呢？

注意，这道题并没有标准答案，目的只是让你在阅读正文之前，先感受一下：我到底爱不爱他 / 她？我爱人到底爱不爱我？我爸到底爱不爱我妈？我妈到底爱不爱我爸？只是事先让你思考一下，如果根本不爱对方，那我为什么要跟他 / 她一起生活呢？如果我爸妈根本不爱彼此，那他们为什么没有离婚呢？

在接下来的正文里，老朱会把亲密关系分为五个层次，以你刚刚对自己恋情以及父母感情的诊断，请你为你和父母的感情做一个判断，看看你们究竟处于亲密关系的哪个层级。

（一）请先诊断自己

你的婚姻 / 恋情处于以下五个层级的哪一级？

你爱人呢？请他 / 她也做一遍，你认为你们的婚姻 / 恋情处于以下五个层级的哪一级？

A. 绞杀型亲密关系：亲密关系中的一方或双方童年经历的不幸（多是父母婚姻的不幸），造成其成年后性格变态扭曲，在亲密关系中以扼杀对方活力、改变对方性格、摧残对方梦想，甚至威胁对方生命安全为乐。

B. 生理型亲密关系：指过分注重生理欲望，将色欲的满足作为寻找伴侣的首要条件，因过于追求外貌而忽视三观、物质、生活情趣及生命价值等的亲密关系形态。

C. 生存型亲密关系：指以物质条件（房子、车子、收入等）为寻找伴侣的标准而结合在一起的亲密关系。

D. 生活型亲密关系：指双方有共同的兴趣爱好，有可以调和的生活习惯，有比较契合的价值观、人生观和世界观，可以做不错的生活搭档，却不能互相激发对方的潜能、成就对方的人生价值的亲密关系。

E. 生命型亲密关系：指以爱情为契机、以平等尊重为前提、以忠诚为契约、以成就对方为乐趣、以毕生去实践的亲密关系，生命型亲密关系最重要的特征是关系双方能彼此激发、彼此成就。

感情从来都不是一个人的事。请你和爱人做完选择后，共同签名确认：

____________（请你签名） ____________（请你爱人签名）

（二）请对父母的感情进行诊断

因为孩子就是父母的复印件，心理学上讲，一个人的一生都将受到原生家庭的影响。因此，本书会多次请你诊断并解剖甚至帮助治疗你的父母，这么做的目的是让你知道，当你对自己的感情状况不甚满意的时候，千万不要认为是哪一方的人品出了问题、哪一方的素质有问题、哪一方的性格有问题……你们双方把父母的感情状况拿来一分析，就会发现，原生家庭的感情状况（父母的感情状况），对你的感情会产生无比巨大的影响，甚至你已经在无意识中复制了你父母的感情模式，你和爱人的亲密关系已经开始变得跟你父母的亲密关系一模一样。

那么，在你看来，你父母的感情处于以下五个层级的哪一级？

____

请你也邀请你的爱人对他父母进行诊断。在他/她看来，他/她父母的感情处于以下五个层级的哪一级？____________

A. 绞杀型亲密关系：亲密关系中的一方或双方童年经历的不幸（多是父母婚姻的不幸），造成其成年后性格变态扭曲，在亲密关系中以扼杀对方活力、改变对方性格、摧残对方梦想，甚至威胁对方生命安全为乐的亲密关系。

B. 生理型亲密关系：指过分注重生理欲望，将色欲的满足作为寻找伴侣的首要条件，因过于追求外貌而忽视三观、物质、生活情趣以及生命价值等的亲密关系形态。

C. 生存型亲密关系：指以物质条件（房子、车子、收入等）

为寻找伴侣的最高标准而结合在一起的亲密关系。

D. 生活型亲密关系：指双方有共同的兴趣爱好，有可以调和的生活习惯，有比较契合的价值观、人生观和世界观，可以做不错的生活搭档，却不能互相激发对方的潜能、成就对方的人生价值的亲密关系。

E. 生命型亲密关系：指以爱情为契机、以平等尊重为前提、以忠诚为契约、以成就对方为乐趣、以毕生去实践的亲密关系，生命型亲密关系最重要的特征是关系双方能彼此激发、彼此成就。

谢谢你回答了前面设置的所有问题。卖那么久关子，其实只是想让你来算笔账：

今年，你________岁，预计还会活________年。如果你发现自己没有那么爱他（她），那么，你就会和一个不爱的人在一起生活________年。

如果是那样，其实每天和你一起生活的人，只是一个比较熟悉的陌生人，简称“熟人”。那么，在往后的________年里，你将：

1. 经常和一个熟人做爱

□我愿意　□去你的

2. 每天被一个熟人抚摸

□我愿意　□去你的

3. 经常跟一个熟人交换唾液

□我愿意　□去你的

4. 经常和一个熟人用同一双筷子，吃同一碗面

□我愿意　□去你的

5. 每天跟一个熟人一起抚养孩子

□我愿意　□去你的

6. 经常跟一个熟人一起旅行，住同一间旅馆，睡同一张床

□我愿意　□去你的

7. 经常跟一个熟人喝同一瓶矿泉水

□我愿意　□去你的

8. 忍受一个熟人每天躺在你身边打呼噜

□我愿意　□去你的

9. 忍受一个熟人生病时把屎拉到床上，你去帮他清理

□我愿意　□去你的

10. 忍受一个熟人每天在你家里放屁

□我愿意　□去你的

11. 忍受一个熟人早上不刷牙就来亲你

□我愿意　□去你的

12. 每天跟一个熟人一起用你家的钱

□我愿意　□去你的

13. 每天跟一个熟人一起嫌弃父母、恶言对父母

□我愿意　□去你的

14. 经常跟一个熟人一起光着身子洗澡

□我愿意　□去你的

15. 每年都去一个熟人家里过春节

□我愿意　□去你的

16. 一日三餐，每天给一个熟人做饭

□我愿意　□去你的

17. 每天哄一个熟人开心

□我愿意　□去你的

18. 允许一个熟人任意看你的手机、随便用你的电脑、随时登录你的微信

□我愿意　□去你的

19. 允许一个熟人每天在你家上厕所并且不关门

□我愿意　□去你的

第一节　我的爱情自检报告

如果上面那些文字恶心到你了，那么，是时候读正文了。

即便你自认为在感情方面顺风顺水，也请你把它当作一次常规的体检，认认真真地填写以下问卷。如果你正处于困惑迷茫之中，那就更应该审慎对待。一来，这本书很贵，不填完它实在浪费；二来，日后爱情美满、家庭幸福之时，也可翻开来看，与彼时的伴侣共同追忆这段混沌时光，也是一种乐趣。

我，姓名＿＿＿＿＿＿＿＿，年龄＿＿＿＿，目前的感情状况是＿＿＿＿；

我的爱人叫＿＿＿＿，年龄是＿＿＿，老家是＿＿＿＿＿＿，现居住在＿＿＿＿＿＿＿＿＿，目前我和他（她）已经在一起＿＿＿＿天。

我还记得，我们第一次见面的情形是：

＿＿＿＿＿＿＿＿＿＿＿＿＿＿＿＿＿＿＿＿＿＿＿＿＿＿＿＿＿＿

＿＿＿＿＿＿＿＿＿＿＿＿＿＿＿＿＿＿＿＿＿＿＿＿＿＿＿＿＿＿

我第一次对他 / 她动心是：

＿＿＿＿＿＿＿＿＿＿＿＿＿＿＿＿＿＿＿＿＿＿＿＿＿＿＿＿＿＿

＿＿＿＿＿＿＿＿＿＿＿＿＿＿＿＿＿＿＿＿＿＿＿＿＿＿＿＿＿＿

他 / 她身上令我着迷的特质是：

我跟他 / 她有过最美好的回忆是：

他 / 她曾做过最令我感动的事情是：

我曾做过最令他 / 她感动的事情是：

而我们第一次争吵是：

印象最深的一次分手是：

印象最深的一次闹离婚是：

他 / 她所有缺点中，我最讨厌的是：

我对他 / 她最失望的是：

我所有缺点中，他 / 她最讨厌的是：

他 / 她对我最失望的是：

他 / 她曾做过最伤害我的事情是：

我曾做过最伤害他 / 她的事情是：

我对他 / 她说过最多的话是：

他 / 她对我说过最多的话是：

我上一次送他 / 她的礼物是：

他 / 她上一次送我的礼物是：

____

____

曾经，我对这段感情最大的盼望是：

____

____

而现在，我对这段感情最大的盼望是：

____

____

如果满分 100 分，我愿意给这段感情打________分；

如果满分 100 分，到目前为止，我对这段感情的信心是________分。

别急，还没结束。

无论你给这段感情打分是多少，无论你对这段感情有没有信心，现在，都请来做个游戏。

这个游戏是：假设此刻，上帝就站在你面前，上帝允诺给你一个机会，满足你对爱人所有的希望，你希望他 / 她改变的、希望他 / 她提高的、希望他 / 她坚持的、希望他 / 她舍弃的……全部，数量不限，但是你必须在今天把这些愿望全部写下来。

来，大胆地贪心地写吧！只要你写下来，它们就都会实现。

A. 我希望他 / 她____________________________

B. 我希望他 / 她____________________________

C. 我希望他 / 她____________________________

D. 我希望他 / 她____________________________

E. 我希望他 / 她____________________________

F. 我希望他 / 她____________________________

G. 我希望他 / 她____________________________

H. 我希望他 / 她____________________________

I. 我希望他 / 她____________________________

J. 我希望他 / 她____________________________

K. 我希望他 / 她____________________________

L. 我希望他 / 她____________________________

没错，它们真的会全部实现。虽然这只是个游戏，我不知道上帝有没有听到你的愿望，但是，你自己已经听到了，当你把这本书按要求、按顺序读完、写完的时候，你就会发现一你的爱人已经完完全全变成你所希望的那个样子了，因为你已经完完全全地变成一个崭新的自己了。

以上就是你的爱情自检报告，请好好收藏。

体检人：__________

____年____月____日

第二节　亲密关系五层次论

如下图所见，老朱将人的亲密关系分为五个层次，它们分别是绞杀型亲密关系、生理型亲密关系、生存型亲密关系、生活型亲密关系及生命型亲密关系。

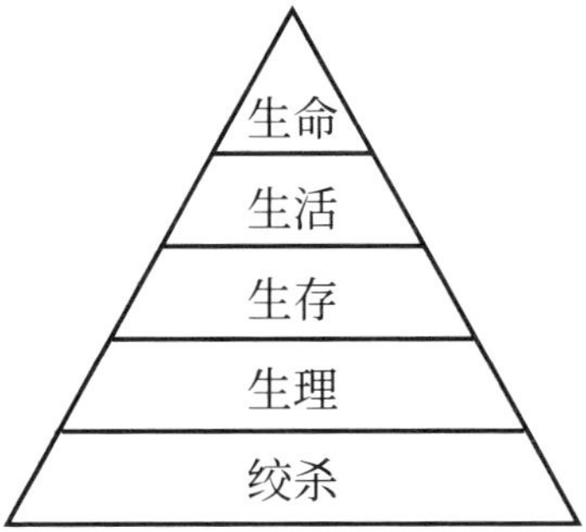

朱亚亲密关系五层次论

无论你对现在的感情评分是100、80还是50，无论你对它的信心是30、20还是0，借由“亲密关系五层次论”，你都能清晰地定位自己的感情现状，从而为进入下一个更高阶的层次奠定信心。在这里，需要特别强调的是，之所以是“五个层次”，而不是“五个阶段”，是因为阶段与阶段之间往往有特别明确的界限，到了B阶段，就不再具有A阶段的特征。而“层次”有所不同，层次与层次之间可能存在交叉重叠，它们之间的界限不是那么严格、准确与分明。比如，生存型亲密关系可能存在绞杀的成分，而生活型亲密关系也不排除有点燃对方生命价值的可能。至于你属于哪个层次，同时又是否具有其他层次的特征，就需要你极为用心地为自己诊断了。

另外有一点要说明，“亲密关系五层次论”对亲密关系能起到重要的指导作用，至少给我个人的婚姻提供了极其重要的指引，但必须提醒，大家切勿将其当作“万能神器”。世间没有“万能神器”这回事，我们能看到的部分，永远是冰山最无足轻重的一角，真正潜藏水底的、隐秘的、沉默的，是生活本身。作为写作者，我更倾向将它定位为一部探测仪、一部听诊器，生活中大多数人并不认为自己心里有病，通过这部仪器，你知道自己病了、相信自己病了，并开始寻医问诊了，就是一个很好的开始。

毕竟，心理疾病与生理疾病不同。生理上，一个人得了病，断了手脚、眼瞎耳聋，甚至是绝症，受苦的都是他自身，不会传染给亲人及陌生人（传染性疾病除外），而一个人如果患了心理疾病，不仅会严重危害自己的一生，还会把心理病毒传染给伴侣、子女、孙子女，一代代地恶性循环下去。这种纵向式的家庭恶性循环，又会横向蔓延至整个社会，如学生会仇视老师、下属会嫉妒上司、保姆会谋杀主人……这并不是危言耸听，相反，这些可怕的事每天都在发生——心理疾病比生理疾病危害更甚！

一、绞杀型亲密关系

如果一些人的亲密关系幸福的原因是他们善于自省，那么那些不幸福的人，就一定是在故意葬送自己——绞杀型亲密关系的绞杀和被绞杀双方就百分之百是故意的。

什么是绞杀型亲密关系？简而言之，就是关系双方可以特别明确地分出施虐和受虐双方，有时施虐和受虐双方也会互相转化。在这段关系里，两人长期互相施虐和受虐，将一段感情搞得支离破碎、你死我活，但双方就是不分手、不离婚，特别顽固地将这种变态的感情状况持续下去。

大体上，绞杀式亲密关系可以分为三种类型。

第一种，男“杀”女。

比如，男人经常夜里不回家、长期酗酒、喝醉酒就打妻子、不管孩子、爱打骂孩子、经常出轨、吃喝嫖赌、完全无视自己的妻子、打心眼儿里看不上妻子……但就是不跟妻子离婚，不爱你但要耗死你。

第二种，女“杀”男。

比如，女的喜欢撒泼耍浑、经常一哭二闹三上吊、经常和婆婆闹矛盾、爱在外面鬼混、不管孩子或者经常打骂孩子、喜欢羞辱男人的人格、打击男人的工作、否定男人的一切……但就是不跟男人离婚。

第三种更惨，就是男女互“杀”。

要么你一拳我一棍，双方“打”得头破血流，谁也不让谁；要么“新生活各管各”，两人之间没有任何交集，经济上 AA 制、生活上各玩各的、情感上不交流、有问题就冷战。这样的伴侣双方，就像两个陌生人、合租客一样，内心完全是苍白、空洞、冷漠的，眼睛里既看不上对方也看不见对方，就像两抹空气一样生活在一个屋子里。

说到亲密关系，很多人都自以为专业，一些关于亲密关系的至理名句他们能脱口而出："亲密关系是爱情的坟墓""亲密关系是一座围城，外面的人想进来，里面的人想出去"……这样的话都听过几十遍，但是，在真正面对苦不堪言、糟糕透顶的情感关系时，大部分人都忘了那句名言：**其实，我是一个演员**。

（一）绞杀关系中，受虐方的四大心理需求

我们先来看看，在绞杀型亲密关系中，被虐的一方，简称为受虐方，是如何配合演出的，他们参与表演的心理动机是什么。

（1）熟悉。

根据心理学原理，任何人的成长都会受到原生家庭的影响。

拥有绞杀型亲密关系的人，绝大多数，他们的父母就是绞杀关系中的人。

他们从小耳濡目染，看惯了绞杀型亲密关系的样子，当他们成年后、找对象时，遇到一个绞杀他 / 她的人，就会倍感熟悉，那种熟悉会让他 / 她莫名地想"亲近"对方，因为熟悉意味着安全，而陌生意味着危险——这是人与生俱来的心理防御机制。

（2）正常。

因为熟悉，他会觉得正常，不那样反而不正常。

就像我们那个有钱没事干、闲着要写书的朱老板，你以为他真的过得很闲吗？其实，他就是典型的绞杀型亲密关系的受

害者，在地狱里待久了，现在突然到了天堂，觉得天堂无比美好，想通过写书来拉大家入会而已。

他亲口承认，当他刚跟现在的爱人（原话是“上帝派来拯救我的天使”）范女士在一起时，三天两头就要大吵一架。因为他潜意识里特别不相信美好的生活会成为自己的常态，“你为什么会对我那么好呢？”“怎么要那么温柔呢？”“不是在骗我吧？”“一定是在骗我！”“说，你究竟想干吗？”——因为觉得不正常，所以开始一连串不好的设想！

（3）求保护。

还是我们的朱老板，对了我是小沈，作为靠写文章吃饭的人，跟着这么个有故事的人，是何其有幸，因为免去了很多田野调查的差事，而且他还允许我用他的故事，不追究法律责任，估计我这辈子都会有素材可写。

朱老板，别看他威风凛凛霸气侧漏的样子，实际是外强中干纸老虎一个（当然是很多年前了），所以，他才会找个特别蛮横、霸道、野蛮、厉害的女人当妻子，现在的法律称谓是“前妻”。

他前妻很酷，朱老板忙活了一天，回去给前妻大人汇报工作：“今天开会，那谁谁谁又那什么什么了。”前妻大人脱口而出就是：“你怎么不打他呢！弄他呀！我最讨厌男人磨叽，收拾他去！”

哈哈哈，酷不酷？看，每当这个时候，我们那个外表强大内心像只小猫的朱总、朱董、朱老板，就会觉得：“哇，我的靠山好硬！我的靠山好狠！我的靠山好强！”——但是，她对外人硬、狠、强，在家也会对你硬、狠、强哦——这当然是后话了，多么痛的领悟哇！

（4）显正确。

我们朱老板，天啊，我真担心这篇文章写完，我就得收拾书包回家了。

朱老板，小时候特别可怜，出生那年爸爸被打成反动派，全家的支柱垮掉了，一家老小没饭吃，这个锅谁背？当然是朱小弟——难道是你？肯定是你！——传说中的“天降灾星”。

好了，朱小弟从小就背着这个锅长大，人见人厌、人见人恨，内心的压抑、委屈可想而知。

出生就是个错误，活着更是个错误，因此，朱小弟在很小的时候就给自己立了个目标——人生一定要正确一次。

好啦，找个彪悍的妻子，每次被妻子骂、被妻子羞辱，他就可以证明自己正确了，就可以回家让老母亲说“乖，摸摸头”了。当然，老岳母也极为明事理，每次都会批评自家闺女：“你看看人家朱亚，作为一个男人，他都那样那样了，你还这样这样！”哇，所有人都向着朱小弟，这一刻，他感到无上光荣、无上正确，因为他会被同情、被关注、被安慰！

以上，就是绞杀型亲密关系中，被绞杀一方即受虐一方的心理动机，我担心再写下去会得罪令我尊敬的以前很可怜现在很可爱的朱老板。

（二）绞杀关系中，施虐方的四大心理动机

我们来看绞杀型亲密关系中的施虐方，他又是如何配合受

虐方表演，在漫长而痛苦的绞杀关系中，他虐杀别人的“职业修养”，又是如何炼成的呢？

（1）童年投射。

心理学上，把人分为“大我”和“小我”。

“大我”指现在的我，要么人五人六、呼风唤雨，要么睿智聪明、稳健得体，一句话概括，就是靠“智力”“理性”维持运转的那个我。

而“小我”，则指0—6岁那个脆弱的、敏感的、依赖性很强的、没有安全感的、恐惧的、爱哭的、需要抚慰的我。

小我是一个孩子，是童年的我跟在现在的我后面的尾巴。这个尾巴，要斩断很痛，会流血，甚至变成残疾、丧命；要藏起来，特别难，你以为自己伪装得很好，但只要失意的时候、难过的时候、愤怒的时候、委屈的时候，它就会原形毕露。

小我，就是由“心”来主导，而不是由“智”来主导的那个我，小我负责一个人的情绪，大我负责一个人的逻辑。

我们经常被师长们要求“心智成熟”，“心智成熟”就是“心”和“智”要和谐统一，它们两个得成为好朋友，不能总打架，“纠结”就是“心”和“智”打架的结果。

每一个人都有小我和大我。小我，就是0—6岁那个我，什么都凭感觉，跟着“心”走；大我就是6岁以后的我，什么都凭逻辑，跟着“智”走。

那么，如果一个人，在0—6岁时过得很不幸，他的父母经常打他、骂他、羞辱他、泼他冷水，那么，等他长大后，成了一个看上去人五人六的大我，假设这个人是大A，现在这个大

A 遇到了一个心仪的大 B，两人情投意合、你侬我侬，那个从小受委屈的小我——我们姑且称他为小 a——就会跳出来作怪，它会质疑大 A、讽刺大 A——“别得意”“都是假的”“别相信爱情”“她肯定在外面偷人”……然后，小 a 就会伤害大 A、伤害大 B、伤害小 b（大 B 的小我）。因为原生家庭的投射，小 a 本质上是不相信幸福的，也是不希望大 A、大 B 和小 b 幸福的。

晕，我自己都觉得有点儿晕。但是没关系，这本书里，对大我和小我的共生关系，只是略述一二。下一本书，我会就这个主题写 4 万字，保证写清楚，保证你看完以后，能够轻而易举地找到自己的小我和爱人的小我。

但是，友情提醒，这个过程很痛，不打麻药。反正我当时突然间找到自己的小我时，抑郁了三天，特别忧伤，特别想报复别人。

（2）模仿。

因为小我特别想伤害大我，让大我回去跟他一起过苦日子，所以，小我会极尽其能地闹事儿。恰恰，小我在多年的耳濡目染中，又学会了自己父母中强势一方绞杀弱势一方的技能，他对那些技能简直驾轻就熟。

所以，小我伤害起人来，会特别麻利、特别自然，自然到他会根深蒂固地相信：“这再正常不过了！”“就是生活原本应有的样子呀！”“毕竟，我妈天天就是这样对我爸的，我爸也过得挺好哇！”

（3）正常。

“就是很正常嘛，我爸妈一直是这么过的，亲戚朋友们都是。”

（4）安全。

和受虐方在绞杀关系中感到“安全”是一个逻辑，施虐方也需要用控制别人、操纵别人来获得安全感。

前几年我就是这样，老是奚落打击我丈夫，潜意识里特别想把他变得不自信、特别希望他整天宅在家里不出去，这样我就会觉得很稳当、降得住。想听我后来死得有多惨吗？等下一本书吧，剧透一下，书名叫《恋爱的常识》。

你看，一个巴掌拍不响，一个愿打一个愿挨，绞杀型亲密关系的人是不是故意让自己不幸的？

（三）哪些人特别容易受虐和施虐？

第三个部分，我们说一说哪些人特别容易陷入绞杀型亲密关系里面。接下来的话题比较严肃，开始之前，我想请大家思考一下：

你自己的亲密关系是不是绞杀型？ □是 □不是

你兄弟姐妹的亲密关系有没有绞杀型？ □有 □没有

你父母的亲密关系是不是绞杀型？ □是 □不是

你爱人父母的亲密关系是不是绞杀型？ □是 □不是

你爷爷奶奶、外公外婆的亲密关系有没有绞杀型？

□有 □没有

你爱人的爷爷奶奶、外公外婆的亲密关系有没有绞杀型？

□有 □没有

如果有，请继续以你能找到的一个绞杀型亲密关系为例，写下那段关系中的被绞杀（受虐）一方，他的名字是：________；

写下那段关系中的绞杀（施虐）一方，他的名字是：________。

如果你在身边找到了绞杀型关系的案例，也分清楚了关系中的施受双方，下面，我们再做一次测试，如果施受双方属于以下几种情况中的任何一种，请在前面打钩。下面我要写的是，哪几类人特别容易受虐，哪几类人特别容易施虐，这都是我们老板告诉我的，你们帮忙测试下，我看他说得准不准。

绞杀型亲密关系中特别容易受虐的人如下。

□（1）按家庭出生顺序，第一个出生的女人，也就是长女，特别容易在亲密关系中被虐。

因为，中国人多有重男轻女的思想，第一个生出来的是女儿，自然会失望。紧接着，终于生了个儿子，父母就会对儿子特别优待。甚至，这个长女也会耳濡目染，认为自己应该牺牲自己，去成全弟弟。所以过去，我们经常会看到农村里，有些女孩子到城市打工，挣了钱给弟弟交学费。

□（2）同样，按家庭出生顺序，家族排行老幺的儿子，比较容易在亲密关系中走向被绞杀的命运。

皇帝爱长子，百姓爱幺儿。幺儿特别容易被溺爱，父母会要求哥哥姐姐们都让着他，这么做的后果有两种，要么被惯坏，要么没被惯坏。

被惯坏的，则容易在以后的亲密关系中绞杀别人；没被惯坏的则大多有婴儿心态，心理上还没有断奶，需要找个强势的来继续当他的监护人，这个监护人必须是个厉害角色，才可以给他一种被罩着的感觉，但与此同时，那个狠角色也会无所不用其极地伤害他、控制他。

□（3）除此之外，即便家族排位没有任何特别，但父母本身就是绞杀型亲密关系的典范，其子女也有太平洋那么大的可能会继承父母的亲密关系类型。

所以，如果你发现自己的父母就是绞杀型亲密关系，怎么说呢？有句毒鸡汤说：“一个人的出生就是他最大的命运。”你已经置身命运的洪流之中，要么被它冲走，要么逆流而行。但是，逆流也是有方法的哦，瞎扑腾会死人。

□（4）第四种，出生时机不对的孩子，也特别容易找到绞杀型伴侣。

比如老朱，出生那年爸爸被批斗，家道中落，他不幸背锅，成了全家人的出气筒。长大后，在找伴侣时，他也会不自觉地轻贱自己。

□（5）第五类是私生子，或者离异再婚人士带到新家庭里的孩子。

这类孩子，从小不被正视，自我轻贱的感觉很早就已经养成，他们在往后的恋爱关系中也会低看自己，任由对方伤害自己。

□（6）反应特别慢的孩子。同理，这样的孩子从小被打击，自我轻贱感十足，我不入地狱谁入地狱？

以上六种都是特别容易在亲密关系中扮演受虐一方的，那么，与他们打配合的，特别爱对他们施虐的，又是哪些人群呢？

亲密关系中容易对别人施虐的人如下。

□（1）按出生排序，第一个出生的男孩，即长子。

长子刚生出来时，万众瞩目、呼风唤雨，简直就是舞台的中心；但是，这种好日子没过几年，家里突然又诞生个弟弟，长子的小霸王地位瞬间丧失，巨大的落差在他内心积压。长大后，一旦找到个较为弱势的女人，他就会把所有的不平都发泄到这个女人身上，以便重新找到“王者的荣耀”。

□（2）按出生排序，最后出生的孩子，幺女或者幺儿。

很多人老来得子/女，难免对孩子骄纵无度，一不小心，宠坏了，养出一个太阳女神/男神，认为地球都得围着他转。

□（3）独生子女。仍然是被宠坏的。

□（4）父母本身就是绞杀型亲密关系的典范。

基本上，男孩子会像爸，女孩子会像妈。就像我妈，那太猛了！我以前就很像她，绞杀起伴侣来整套整套的，赶紧略过吧，写到这儿自己的脸都羞红了！

□（5）残疾人。

身体残疾、内心健康的人特别难得。大部分身体残疾的人，因为打小就受别人的非议、歧视、打击、区别对待，内心会很不平衡。

这种不平衡利用得好，会化为斗志；利用得不好，就会变成仇恨。将不平变成仇恨的人，长大后一旦找到一个可以控制的人，过往积压的仇恨就会源源不断地发泄出来。

□（6）相貌丑陋的孩子。这类孩子本身就很自卑，再被打击羞辱，时间久了，不找个人出气才怪。

有没有？你刚刚分析的那个绞杀型亲密关系案例，他们中的受虐方和施虐方，有没有被包含在内？

□有。

□没有。

（四）你身边的绞杀型案例，100%属于这两种类型

开篇时，我大概交代了什么是绞杀型亲密关系。绞，用绳子勒，是过程；杀，死，是目的。用绳子把对方勒死，就是绞杀型亲密关系的程序设置。

那么，绞杀型亲密关系都有哪些类型？是不是天天吵架、打架就是绞杀呢？

远远不止。

（1）精神绞杀。

通过讽刺、挖苦、泼冷水等各种方式，以达到摧毁对方意志、三观、人格、兴趣爱好，甚至摧毁对方事业的目的。

我有个男性朋友，特别可怜。他人生的唯一爱好就是“孤舟蓑笠翁，独钓寒江雪”。但是，每次钓鱼，他都要提前一周铺排好情节。他得想尽各种办法把妻子、孩子哄好，趁妻子最高兴的那一刻，申请一下钓鱼的权利。

我还有个男性朋友，就是我爸，更可怜，最大的兴趣爱好是养养虫鱼花草，他经常从很远的地方搞些花草苗子回来。但是，每当他把花草侍弄好外出打工，隔段时间回家时，就会心痛地发现，他的花草不是被我妈嫌弃死了，就是让我妈以挡道、招蚊子之类的借口“清理门户”了。

再啰嗦一下，我还有个阿姨，年轻时像模特一样漂亮，“文革”后考入大学，毕业后当公务员，40岁不到升处长。但偏偏这位阿姨，在家里是个长女，习惯了自我牺牲。她的丈夫又是个高考状元。在她丈夫眼里，她的那点儿成绩简直就是渣。当然，她本身就很擅长自我矮化。现在，这位阿姨50多岁了，身家千万，却经常去路边摊买15元一件的衣服穿；出去旅游，从来都住最便宜的旅馆；最恐怖的是，现在她已经完全失去了自我，就连刷手机，都要先看看自己丈夫在刷什么。

（2）肉体绞杀。

我听过最恐怖的案例是，一位女士出去打工挣钱给自己的丈夫花，还经常被丈夫打。他丈夫最厉害的一次在她腿上划了9刀，她都不跟他离婚。

这位女士就是前面说的，特别需要在委屈中凸显自己正确。

显而易见的是，她终于以这种自我毁灭的方式达到了目的。只要她一出门，全世界都会赞美她：“哇，你真了不起，为家庭牺牲那么多！”“你真的很坚强，男人那么不好，你都扛得住！”“佩服！膜拜！向你致敬！”

还有一种肉体绞杀的方式，是用自我的肉体毁灭来达到绞杀对方的终极目的。我的肉体就是我的武器，只要你敢跟我离婚，我就死给你看。你不敢让我死，我就能一直绞杀你。

（五）绞杀型的危害：伤痛恒久远，世代永流传

绞杀型亲密关系的危害，我认为已不必详加阐述了。现在，请你以刚刚选定的绞杀关系的案例为标准，对照下面的表格，

看看那段关系中的双方，也就是________和________（写上他们的名字），中了其中哪些条！

这本书就是一次B超，特意邀请你来诊断一下身边人的亲密关系，试试当医生的感觉。

□（1）摧毁对方的意志，让对方干什么都变得畏畏缩缩，最后干脆什么都不干。

□（2）摧毁对方的兴趣，让对方不敢做自己喜欢的事，变成一个了无生趣的人。

□（3）摧毁对方的三观，如把一个老实勤奋的人变成鸡鸣狗盗之徒。

□（4）摧毁对方的事业，对方干什么都泼冷水，最后对方果真就什么都干不成，仿佛被下了咒语。

□（5）摧毁对方的精神，把一个正常人逼得患上抑郁症、精神分裂之类。

□（6）摧毁对方的身体，对对方施加肉体暴力。

□（7）摧毁对方的家庭，一人受伤全家不宁，受虐方的父母、兄弟姐妹连带着也不好过。

□（8）摧毁对方的后代，如果绞杀型亲密关系有孩子，他们的孩子跟他们住在一起，那么，势必会继承父母的衣钵，男孩子会像爸，女孩子会像妈，长大后也会拥有和父母一模一样的绞杀式亲密关系！其中的逻辑，请倒回去看第一小节。

但是，如果读到这里，你不幸地发现，你自己已经陷入了绞杀型亲密关系里面，你该怎么办呢？对，这才是最重要的部分。

（1）首先，请不要自责，这不是你的错，是大环境使然。

因为，我们处于这样一个新旧交替的时代，我们的父母大都把生命全部的热情投入与物质的对抗当中，他们不关心孩子的心理健康，也不关心自己的心理健康——这已经成了全社会的共同现象，你绝不是唯一的受害者。当然你也不是罪魁祸首，请原谅自己出生的这个时代，原谅自己的父母。

（2）如果你意识到自己正处于绞杀型亲密关系中，或许你可以参考如下三个选择。

A. 继续和对方死缠烂打下去，成为一辈子的冤家夫妻，直至一方或双方走进坟墓。

然而后果是，你们的子女将延续绞杀式恋情，成为施虐者或被施虐者之一。

B. 直到无法喘息的那一天，特别不愉快地结束这段感情。

但是，如果你不能找到本质的原因、不能厘清自己受虐或施虐的心理需求、不能战胜自己的心理疾病，那么，即便离婚再结婚，也只是从一个地狱走向另一个地狱。

C. 认识自己、修正自己，从绞杀型亲密关系上升到生命型亲密关系。

方法是，仔细阅读这篇文章，痛下决心找到自己的小我和对方的小我，理解这两个小我、接纳这两个小我、爱这两个小我。能做到这一步的人，人群中只有万分之一。

而万分之九千九百九十九的人是：我不好过，你也别想好过！

二、生理型亲密关系

看清楚绞杀式亲密关系施虐和受虐双方的心理需求后，你是不是觉得特别悲凉?

其实有一点值得欣慰的是，在绞杀式亲密关系中，伴侣双方的小我都是存在的，而且是可以出来耀武扬威、无理取闹的，然而，接下来我要阐述的生理、生存、生活型亲密关系中，伴侣双方的小我都是直接被掐死了的。这三种亲密关系完全是靠大我，也就是靠理智、逻辑、推理、算计、铺排在维系的。

现在我要说的是比绞杀型亲密关系更高一个梯度的生理型亲密关系。

顾名思义，生理型亲密关系，就是指在寻找伴侣时将生理条件，即对方的外在当作决定性条件而结合在一起，最终发展为吵架、打架、冷战、出轨等一系列恶性状况的亲密关系。

生理型亲密关系，通常出现在以下三种情况中。

A. 男人找女人。

比较常见的是，很多男人找女人，都有一个或多个外形要求，如一定要找貌美如花的，喜欢胸大、腰细、屁股翘的，迷恋清纯少女的，会被性感女郎勾魂的，钟爱腿长的，等等。

B. 女人找男人。

比如，特别要求身材魁梧、身高 1.75 米以上、六块腹肌、笑容带点坏男孩气质，等等。

C. 还有一类，有些人会给未来伴侣设定一些专业技能，然后被拥有此专业技能的异性吸引。

比如，有些女生特别喜欢找体育系的，认为他们运动的样子很帅；有些男生特别喜欢找会乐器的女生，认为她们弹奏的时候很美。他们仅仅是出于欣赏的角度，像个热情的观众或粉丝一样，被对方的外貌气质吸引，而不是想和对方一起运动一起弹琴，要能一起运动一起弹琴，那就属于生活型了。

凡是被外在条件吸引而走到一起的伴侣，都难逃一个共同的厄运，就是很快会相看两厌。因为这类感情特别没有深度，而外貌又是有保质期的，也是容易被比较的。

（一）生理型亲密关系为什么会产生

（1）因为自卑。

丑男人为什么喜欢找漂亮女人？很好理解，因为丑，所以自卑，找个漂亮女人，带出门可以满足自己的虚荣心。

丑女人为什么喜欢找帅气男人？也很好理解，因为丑，所以自卑，找个帅气男人，可以在平时鄙视她的女性朋友中出口气。

可是漂亮女人为什么喜欢找丑男人呢？同样，也是自卑，因为漂亮而自卑。对于长相出众的女生而言，从小到大，所有人都只关注她的外在，她的能力、才华、内涵……几乎没人关心，即便她平时再努力也没用。

同样，帅男人为什么喜欢找老女人呢？也是自卑，因为帅而自卑。男人最重要的是能力和胸襟，但是从小到大，只要女人们看到帅男人的那张脸就已经开始大呼小叫了，他只要抛个媚眼儿就能搞定一切，哪还用得着深入发展自己的能力和胸襟呢！没能力，没胸襟，颜值成了一个男人唯一可以出卖的资本，这样的人又岂能不自卑？

（2）还有一种情况，就是我们的传统观念所致。

自古以来，中国人都有一个观念："执子之手，与子偕老""上了床，就要对人家好""小女子无以为报，唯有以身相许"……这些传统观念表面看上去好神圣，实际上却浅薄透顶。把外貌当资本、把肉体当命运，过分看重身体的价值，碰一碰手就要定终身，这不是盲目、愚蠢是什么？

在我们国家，父母的传统思维是："上了床就要跟人结婚，不然就是不负责任。"在西方，大量父母却认为："上次床就要跟人结婚，这也太不负责任了！"

很多西方家长会鼓励青春期的儿女出去交友、恋爱甚至上床，因为只有经历过尝试过，孩子才知道自己究竟是喜欢对方的人，还是被对方的肉体所迷。他们最好在步入婚姻之前分清楚，什么是"爱"，什么是"欲"。

（3）在这里，我还要再重点阐述一下，男人究竟为什么喜欢找漂亮女人。

仿佛男人特别容易患上"下半身冲动症"，这是怎么回事？

A. 从小缺乏体育锻炼的男生特别容易因为肉欲而选择伴侣。

男孩子在青春期会分泌大量荷尔蒙，而青春期荷尔蒙的释放有两个主要途径：体育锻炼和性。所以我们通常会看到这样的例子，越是宅在家不爱外出的男生，手淫、浏览黄色网站的比重就越高。而那些爱运动的男生，他们的压力、负面情绪都得到了很好的释放，成年后，发展为性变态的概率反而比柔弱阴郁的男生低。

B. 从小生活环境很压抑的男生容易找生理型伴侣。

前面说了，体育锻炼和性是释放压力的重要途径。曾有调查显示，越压抑、越自卑的男生，越是喜欢胸大的女生。为何如此？心理学家认为，大胸是奶水富足的象征，既能解决性饥渴，也能给弱者一种莫名其妙的生存安全感。

（二）生理型亲密关系会出现的后果

（1）最常见的后果是，迅速地相看两厌、频繁吵架，甚至会很快出轨。

外貌是个多么脆弱的东西。横向，跟别人比，人外有人，天外有天，没有最美只有更美；纵向，跟自己比，时间是把杀猪刀，时光易老，容颜易碎。仅仅建立在肉欲之上的生理型亲密关系，因其根基本就不牢固，瓦解起来也就更容易。

因此，生理型亲密关系中的人，可能永远也不会理解一些人为什么会找一个不漂亮的女人为妻。因为在他们眼里，伴侣就是“性伴侣”的代名词，她给我美貌、我给她物质，感情就是一笔生意，在交易里各取所需。

（2）生理型亲密关系极有可能恶化为绞杀型亲密关系。

当身体的新鲜感逐渐消失，精神层面又得不到滋养和刺激，生理型的关系双方则很容易彼此厌倦。而当厌倦无法化解时，就极易转化为嫌弃、恶心、打击甚至憎恨，久而久之就变成了绞杀型亲密关系。

（3）当然，任何关系都有转好的可能。

因为脸蛋、身材等走到一起的伴侣，在步入婚姻殿堂后，共同面对生活的喜怒哀乐，把肤浅的生理欲望转为更深层次的精神扶持也不是没有可能，具体方法请接着往下阅读。

（三）如果不幸被言中，以下会对你有帮助

看到这儿，如果你发现自己和伴侣的关系恰恰就是生理型，而此时她正穿着蕾丝睡衣坐在你对面，你会不会觉得很尴尬——原来你根本就不爱她，你从来没想过有一天，当她人老珠黄、皮肤松弛的时候，你们的感情将如何维续。

如果你发现自己真的就是生理型亲密关系的“患者”，首先请一定要清楚，这并不是你的问题，而是过去的生活经历所造成的，你完全没有必要过度自责。

当然，因性冲动而选择一个人做伴侣，本身就是一种不可小觑的心理疾病，你必须正视它，如果选择逃避，未来你的子女也极有可能复制你的恋爱模式。

那么，究竟该怎么办呢?

（1）假使你还没有下定决心改变，你还完全被生理欲望控制着去开展、维持一段感情，那么，请再做一遍习题：

今年，我_____岁，预计还会活_____年。如果我发现自己只是爱他 / 她的肉体，而不爱他（她）的人，那么也就是说，我将和一个不爱的人一起生活____年。

（2）假使你特别不希望自己未来的人生都沉沦于肉欲之中，你希望跟伴侣多一些精神交流、多一些共同目标，或者多一些情感纽带，那么，必须从现在就开始改变，必须想办法往生命型亲密关系上靠，而具体执行方案请参看有关生命型亲密关系的描述。

（四）你自己改不改变不重要，重要的是如果你有一个儿子

说实话，别看我上面写了那么多，关于你究竟是不是生理型亲密关系，我并不是特别在意，我比较关心的是，如果你恰巧养了一个儿子，应该怎么避免让他染上这种“病”。老朱给这类人群提供了两个建议。

（1）一定要从小培养他对体育运动的兴趣。

一项集体性的体育运动，如足球、篮球、冰球，可以帮他交到志趣相投的朋友。

一项强对抗的体育运动，如拳击、跆拳道、游泳，可以让他有自保和保护他人的能力。

一项技能性的体育运动，如滑板、射箭、潜水，可以让他在人群中脱颖而出，增强自信。

最重要的是，所有体育运动都可以帮他缓解压力、释放负面情绪。

（2）增强孩子上半身的“运动能力”，即内在修养，包括审美能力、人际交往能力、娱乐能力、抗压能力等。

能量守恒定律，一个人对内在的需求越高，对外在的依恋就会越低；一个人将越多的能量耗费在大脑，就会将越少的能量耗费在性器官上。

当然也有特殊案例，如蒋介石，曾在很长一段时间内与嫖

娼的恶习作斗争，好在他最终凭借强大的精神意志，战胜了自己的色欲，修炼成一个克己复礼之人。

（3）如果你的孩子到了青春期，不要过分限制他约会。

他只有经历过，才能体会到什么是“欲”、什么是“爱”。如果你有兴趣，可以去读本书——《美国的文明》，不是《美国文明》，不要买错了，书里有一章，专门讲父母怎么引导青春期孩子谈恋爱。

不要回避。我们自身，就是在青春期没有受到足够训练的一代。当我们青春懵懂时，父母、师长，没有一个人不限制我们恋爱，没有一个人不认为恋爱会拖垮学习；但是等我们大学毕业后，父母师长又恨不得我们瞬间结婚。最可怕的是，我们自身也会在重重压力下，错误地把对一个人的好感、感动、喜欢当成“爱”。

看，多么草率！所以，我们才会在感情上犯那么多错，才会有那么多人步入悲惨的婚姻境遇里面。

由此，我们一定要告诫孩子，尤其女生，不要把身体看得高于一切，不要把身体和命运结合起来，除了爱，不能因为任何事对一个男人以身相许；我们也要告诫儿子，不要因为跟姑娘上了一次床就要把人家娶进门，这恰恰不是负责任，而是最大的不负责任！

三、生存型亲密关系

亲密关系的第三个层次，是生存型亲密关系。

所谓生存型亲密关系，是指以物质条件为寻找伴侣的最高标准，有没有房子、开什么车子、什么学历、一年收入多少、有多少存款、户口在农村还是城市、职业前景如何、是不是自己开公司、家里老人是否健康、有没有孩子、是不是残疾，等等。

最典型的生存型亲密关系发源地，是各大城市的相亲角。在这些相亲角里，父母们将儿女的婚姻明码标价，打造出一个个极具中国特色的爱情买卖市场。如果你有机会去相亲角看一看，就会发现，父母们给孩子列举的相亲条件简直是一出出笑谈："非北京户口不考虑""有北京户口的，残疾人也行""外地口音不搭理"……以北京各大公园的相亲角为例，"京籍、未婚、有房、经济条件好"已经成了相亲市场的标配，有的甚至提出"名校本科以上""父母有工作的纯正地道老北京""坚决不能属羊（民间认为十羊九不全，属羊的人命不好）"，等等。

这样一场盛大的阶层买卖，物质条件是直接摆在桌面上的交易筹码。

（一）两个关于生存的小故事

这种赤裸裸的情感交易不禁让我想到两个故事。其中一个发生在英国。

有位华人妇女，远离家人到英国某小镇打工。小镇上有位年轻人，赖以生存的职业是为当地居民说唱。因为他俩总在同一家餐馆吃饭，久而久之就熟了起来。

有一天，华人妇女对小伙子说："你这么年轻，为什么要在小镇上虚度光阴？我可以介绍你去中国工作，在那儿你可以找份正当职业，完全可以拿到比现在高出许多的报酬。”

小伙子先是一愣：“难道我现在做的不是正当职业吗？”接着又说：“我喜欢现在的工作，除了能养活自己，还能给别人带来快乐。关键是，我为什么要抛弃家人去一个陌生的国家呢？”小伙子很纳闷，分贝有所提高，邻桌的英国人都听到了他俩的谈话，纷纷表示不解：“仅仅为了多挣一点钱，就要抛家弃子，这样的生活有什么可羡慕的？”在他们眼里，与家人平平安安度过每一天，就是最大的幸福。最终，这位华人妇女的劝说非但没有动摇小伙子，还招来了整个小镇对她的同情。

第二个故事则发生在中国：有对山东夫妻，两人都是国家公职人员。刚结婚时，妻子在济宁，丈夫在枣庄。过了若干年，妻子调到枣庄，丈夫却一纸调令到了菏泽。又过了很多年，妻子费尽周折调到菏泽，没多久丈夫又被提拔到了省城济南。于是，妻子又托关系找熟人，好不容易调到了济南，她丈夫却被调到了重庆。

这出现代版的牛郎织女故事，让朋友们都看得很揪心，他们纷纷劝说：“你们这样哪像两口子呀？条件都这么好了，何不干脆辞职去跟丈夫一起过呢？”没想到朋友们的劝说招来了这位女士的强烈谴责：“你们这是在坑我知道吗？要知道再过十来年我就可以退休了，可以领到很多养老金，现在辞职多不划算哪！”

（二）是什么造就了生存型亲密关系的横行？

我们认为，儿时物资过度匮乏或过度奢华都有可能导致孩子拥有“金钱至上”的爱情观。

（1）古往今来，物资过度匮乏导致的爱情买卖屡见不鲜。

如果你有时间经常看新闻，就会发现，诸如卖身救母、大学生卖淫、给有钱人当小三、嫁老汉供弟弟读书这类故事，隔三岔五就会在国内某地方上演，以致当这类新闻出现时，大家都已经见怪不怪，反把新闻当旧闻了。

本质上，贫穷导致的生存型亲密关系，暴露了国人梦想不劳而获的病态心理，这种心理的深层次原因是自卑。因为自卑，所以不相信能够通过自食其力改变命运；因为自卑到极致，所以为了一点点的物质就可以把自己一辈子的命运抵押出去。

（2）第二种情况，刚好相反，过度奢华的童年生活也可能导致生存型亲密关系的产生。

比如，我们经常在影视剧中看到的政治联姻、财富联姻、房产联姻、户口联姻等。“相亲角”就是一个例证。比如，在北京的“相亲角”，经常出现北京人坚决不找非北京人、女博士坚决不找男硕士、亿万富翁坚决不找千万富翁的现象，宝玉配锦缎，凡锦上不能添花者，一律淘汰。

为什么“相亲角”在中国如此流行？追溯到传统上，很多中国人都觉得婚姻是由父母决定的，父母的价值观决定了自己的婚姻类型。而我们的大部分父母在对待子女的问题上，又都是缺乏深度和远见的。他们习惯追求面子和稳定，不知不觉间将子女的婚姻大事当成了一笔生意。

再加上很多父母自身也很自卑。对于很多老年人来说，子女结婚那天，就是其人生中最风光的一天。他们不允许这一天里有任何寒碜的状况出现，他们需要用女婿的车子房子、用儿媳的嫁妆和家室来证明自己。风光地度过儿女结婚这一天，就可以往自己脸上贴一辈子金。在往后的很多年里，每当别人在人群里看到他，都可能会充满敬佩地说："你看那老爷子，就是当年嫁女儿时女婿开了五十辆宝马接亲的那谁谁谁。"

说到这儿，我想起自己的一位女性朋友。她和丈夫相识相恋三年，两人在外面租个小房子住，日子过得有滋有味。但结婚后，男方父母认为儿子儿媳的小房子与自己家庭的社会地位不符，就要求儿子儿媳搬回去跟他们一起住别墅。搬过去后，小两口的生活、工作都被男方父母严加干涉。后面的情况，大家都能猜到了。经过一年半的吵闹，这位女性朋友的丈夫顺利变身为前夫。

离异两年后，我这位朋友又处了一个男友，本来两人相处得挺好，但后来男方父母知道女方离过婚，就坚决要求男方和女方分手，而男方自诩为孝子，尽管挑不出女方任何毛病，也坚定地和女方分了手。得知这件事后，我尤其为朋友感到庆幸，对方就是一活脱脱的妈宝男、巨婴，这样的男人，应该回到襁褓里继续吃奶，而不该披着成年男子的外衣出来谈恋爱、祸害女青年。

读到这儿，你是不是觉得很可悲？如果此时，你突然发现自己正处于生存型亲密关系中，也不要太自责，毕竟这不是你个人的错，而是你父母的陈旧观念和时代压力使然——"嫁汉嫁汉，穿衣吃饭""说个妻子套了个罐，养个娃娃上了个绊"……即使到物质文明高速发展的今天，我们这个社会中的大部分人仍然没有摆脱生存问题带来的不安定感，我们疯狂地挣钱、买房、买车，甚至变态地用出卖爱情、出卖人生幸福来换取一点钱财。

（三）给生存型亲密关系的一点建议

可是，如果读到这儿，你完全无感，你觉得两人搭伙过日子没什么不好，除了柴米油盐你也不追求其他的生活内容，那么你要知道，未来你的子女，也一定会复制你的功利、你的世俗，未来他的亲密关系也会变得跟你一样肤浅、一样乏味，这是你无论如何都不愿看到的局面。

（1）假使你就是不愿意改变，那么，也就是说：

今年，你______岁，预计还会活______年。你已经发现自己不爱对方，但就是不愿改变，那么也就是说，未来的______年，你都将和一个你不爱的人一起度过。

（2）你如果决心改变，那好，建议在物质生活以外，努力寻找与爱人的精神共鸣，如一起建立读书爱好、运动爱好、艺术欣赏的爱好等。这么做的依据仍然是万物守恒定律，当一个人的精神欲望增强后，其物质欲望也就随之降低了。

（3）如果你仍然不知道怎么操作，别急，你只需要跟着我们的节奏，将本书全部读完、做完，因为这本书里通篇都隐藏着具体的解决方案。我们相信，当你做完最后一题时，就会发现，目前你有关亲密关系的那些问题都已经不存在，因为你自身已经成为一个更好的人、一个跟现在完全不一样的人了。

（4）当然，比较严峻的问题是，如果你有一个孩子，又不希望他长大后变得很功利，那该怎么办？有个小妙招是，平时生活中，请注意自己的言行，不要在孩子面前过度强调物质的价格标签及它所象征的身份地位。比如，你给孩子买了双价格不菲的鞋，可以与孩子讨论它的做工与设计理念，而不必聚焦于它是多么昂贵、多能代表自己的阶层。当然，这条建议对于穷人家的孩子也是适用的，谁说一双五元钱的草鞋和一个五万元的包，不能引发同样有趣的讨论呢？

四、生活型亲密关系

亲密关系的第四个层次，是生活型亲密关系。

所谓生活型亲密关系，是指伴侣双方有共同的兴趣爱好、有可以调和的生活习惯、有相对一致的奋斗目标，伴侣双方是很好的玩伴、很合拍的生活搭子，却因为不能唤醒对方的激情、不能激发对方的潜能、不能成就对方的梦想，而无法成为对方生命里的唯一，因此也不具有不可替代性。

比较典型的生活型亲密关系，容易出现在以下几类人群中。

A. 因日久生情而结合在一起的伴侣。比如，青梅竹马的发小、同学，或者长期一起共事的同事、搭档等。这类人因为在某一领域比较合拍、比较有共同语言，而容易互相产生好感，然后他们会误把好感当作爱。

B. 因感动而结合在一起的伴侣。比如，因旅行途中的互相帮扶而感动、因生病时对方的悉心照顾而感动、因考试期间对方的耐心辅导而感动等。

C. 再婚的比较容易出现“生活型”。很多离过婚的人在重新选择伴侣时，都有一个价值观，就是“少时夫妻老来伴”，管它三观合不合，能搭伙过日子、有个伴儿就行。

（一）生活型亲密关系，比上不足比下有余

生活型亲密关系听上去好像还不错，可仍然不是亲密关系的理想境界。生活中，趣味相投的人很多，兄弟、师生、网友、合作双方，都可能达到这种境界。每当生活中出现另一个非常投缘的人，生活型亲密关系中的人就难免产生怀疑——我的爱人，他的不可替代性在哪里？我为什么非得跟他在一起？这也就是当下很多经济独立、精神独立的女性会频频发问“男人拿来干什么”的原因。

在这里，我想讲个真实的故事。我的一位女性朋友，与一个大学同学同窗四年，没有建立任何感情，却在骑行 318 的路上火速定了情。仅仅是因为在骑行 318 的路上，这位女生在身体极端劳累的状况下，受到了这位男生的细心照顾，双方就错把帮助当扶持、把感激当成了爱情。

果然，我的这位女性朋友，结婚后过得非常痛苦。她的丈夫，在极端状况下能够施与援手，在日常生活中却不能担起一个丈夫和父亲的责任。渐渐地，她被物质和精神的双重重压折磨得灰心丧气，日子难过时，甚至开始钻营心计、贪图便利，一个骑行 318 的文艺女青年就此沾染上了许多市侩习气。

就在前几天，我听说她的丈夫突然发迹，成了一个律师事务所的股东，年收入过百万，而这位女士已经被多年困苦的生活折磨得不像样子，并且最终丈夫出了轨。

（二）生活型亲密关系：表面很美好，后果很严重

生活型亲密关系最容易出现的后果有哪些呢?

第一，特别容易玩物丧志。

很多生活型伴侣都是因为有共同的兴趣、爱好而走到一起，如都喜欢骑车、喜欢摄影、喜欢刷快手玩抖音等。这类伴侣在一起，会有很多的共同语言，但也特容易陷入对某一事物的过度迷恋。

在西藏时，我见过不少情侣，都是因为爱旅行而走到一起。这类情侣喜欢租住在一家家庭旅馆里，大部分时间用来发呆或者去拉萨河边晒太阳，没钱用时，就串些珠子到北京路上去摆地摊。他们的日子过得很贫困，经常有上顿没下顿，但却特别安于那样的状态，甚至有些会认为自己是世外高人，过着凡夫俗子根本看不懂的神仙日子。

第二，特别容易变得索然无味。

生活型伴侣在热恋期很善于营造浪漫感觉，但时间久了，尤其步入婚姻殿堂后，就容易把日子过得索然无味。

普遍现象是，男方会认为，年轻时已经疯过野过了，现在就该沉下心来过日子，所谓平平淡淡才是真、柴米油盐更可贵。而女方则已经习惯了浪漫的感觉，以致把浪漫当作生活的刚需，一旦感情进入平稳期，就会觉得寡淡、失望、无趣。

第三，当然，生活型亲密关系也比较容易出轨。

因为生活型亲密关系中的人，大部分只能用道德来约束自己，而不能靠生命的互相认同和互相成就来约束自己。而道德在欲望面前，又是那么不堪一击。

第四，生活型亲密关系的第四个结果是会影响后代的生活方式。

因为父母过得“惬意 + 随意”，他们的孩子也会容易没有上进心。后代会受父母的影响，倾向于选择一种安逸、肤浅的生活方式。这样的孩子容易变得平庸、从众，在遇到挫折时也会善于自我安慰和麻醉。比如，如果这个孩子在未来恋爱时，被对方嫌弃，他会本能地自我开脱为“没有缘分”，而不会下意识地省思：“我是不是真有什么地方没做对？”“是不是可以修正一下自己，使自己成为更好的人？”

虽然生活型是亲密关系的错误形式，但是比上不足比下有余。历史原因、社会原因、家庭原因，造成了我们大多数人只能走到这一步，甚至能走到这一步就已经难能可贵了。但是，我们也想鼓励你、鼓励自己，为了亲密关系更牢固，为了将来更有成就更幸福，也为了子女在未来选择伴侣时有对可参考的优秀的楷模，请和爱人一起更上一层楼吧，往生命型亲密关系进军！

（三）生理、生存、生活型亲密关系的共同特征

以上我分别阐述了绞杀、生理、生存、生活型亲密关系的特征，但是，与绞杀型亲密关系大为不同的是，生理、生存、生活型亲密关系，本质上都是两个大我在恋爱，两个小我都已经被“杀死”了。因此，这三类亲密关系具有很多共同点。

（1）本质上，这三类亲密关系都是两个大我在恋爱，两个小我都已经被“杀死”了。

还记得绞杀型亲密关系里，我论述过的“四人恋爱理论”吗？我们每个人生活在这个世界上，实际上都是两个人，0—6岁的小我，以及6岁以后的大我，小我负责情绪，即跟随本“心”，大我负责逻辑，即跟随理“智”。

那么，任何两个人的关系，实质上都是大A、小a、大B、小b四个人的关系。首先，大A要爱小a，大B也要爱小b，他们才能成为不纠结、言行一致、心智成熟的健康人；再者，大A，既要爱对方的大B，也要爱对方的小b；大B，既要爱对方的大A，也要爱对方的小a，这样，他们才能成为相亲相爱、互相扶持的完美情侣。

那么，显而易见，在绞杀型亲密关系里，大A根本不爱小a，也不爱小b；大B也不爱小b，更不爱小a。所以，小a和小b老是会出来闹事儿，搞得大A和大B鸡犬不宁。

如果说绞杀型亲密关系可以用“很惨”来形容，那么，生理、生存和生活型亲密关系，就只能说是“可悲”了。

因为，至少在绞杀型亲密关系中，小a和小b还是活着的，尽管活得很扭曲。而在生理、生存和生活型亲密关系中，小a和小b直接就被判了死刑。恋爱双方根本没有“心”，只有“智”，什么都是靠理智、靠逻辑。

比如，生理型亲密关系，这个女孩儿漂亮，你就跟她在一起，“漂亮”是“智力评判”的结果；比如，生存型亲密关系，那位男士有500万元，你就嫁给他，“有钱”也是“智力评判”的结果；再比如，生活型亲密关系，两人都爱跳舞，因为跳舞喜欢上了对方，但是，这也是可以比较的呀，要是改天你遇到一个跳舞比他更好的人呢？

所以，在生理、生存、生活型亲密关系中，由“心”来主导的小a和小b是没有话语权的，是被扫地出门、被“杀死”了的，这很可悲！

（2）基于以上原理，生理、生存、生活型亲密关系特别不牢固，特别容易离婚，而且一方提出离婚，对方都特别容易理解。

离婚变得很容易，而且能够被理解，这是怎么一回事？

比如生理型，因为对方长得漂亮你跟她在一起，哪天你在外面遇到个更漂亮的就出轨了，你回去跟妻子说离婚，妻子都会为你找台阶——“你不就是看我人老珠黄了吗，你这个老色狼！”你看对方多理解你。

又比如生存型，一位女士嫁给一位男士是因为他有钱，有一天男方没钱了，女方就不跟他在一起了。男方都不会很伤心，因为双方都知道，这段感情就是各取所需，就像一场生意、一次合作。

又比如生活型，同理，老太太和老大爷年轻时都爱跳舞，因为共同爱好走到一起。但完全有可能，某一天，老太太出国旅行，在纽约时代广场跳舞，看到一气质出众的美国老大爷，瞬间被迷得神魂颠倒，然后就打个国际长途回家：“老头子，咱好聚好散吧！”

为什么说生理、生存、生活型亲密关系特别容易离婚，甚至离婚了都能被理解？这是相对于绞杀型和生命型亲密关系来说的。

绞杀型反而不容易离掉？特别不好离，因为绞杀关系中的施虐和受虐双方都无比需要对方的配合，甚至受虐一方对施虐一方更有黏性，也就是心理学上说的斯德哥尔摩综合征，农村土话叫“三天不打上房揭瓦”——被虐的那个人犯贱已成习性，你不折磨他，他会变着法子让你折磨他。比如老朱，和前妻在一起时，前妻大人最讨厌他出去喝酒，每次喝酒他都要挨骂，但是老朱偏要三天两头出去喝酒，没有机会也要制造机会被羞辱。

（3）生理、生存、生活型亲密关系的另一个共同点就是，离婚后的伤害会比较小。

就像做生意一样，跟这个人生意没做成，换个人做就是，起码不用撕心裂肺。

（4）最后一个超级共同点是，对方可爱的时候你就爱他，对方不可爱的时候你就不爱他。

怎么讲呢？因为生理、生存、生活型亲密关系都是用“理智”在选，而不是用“心”在选，所以关系双方会特别清楚地知道，自己什么时候喜欢对方，什么时候不喜欢对方，换言之，就是对方可爱的时候你就爱他，对方不可爱的时候你就不爱他。

而绞杀型亲密关系则是，对方可不可爱的时候，你都不爱他；生命型亲密关系是，对方可不可爱的时候，你都爱他。

玄乎吗？一个月前，我也是这么认为的。但是，心理学就是这样，了悟的时候一瞬间就了悟了，不了悟时可能三年五载也了悟不了。最可怕的是，拒绝了悟。

五、生命型亲密关系

亲密关系的第五个层次，也是最高层次，是生命型亲密关系。正如奥巴马与妻子米歇尔、扎克伯格与妻子普莉希拉、马克龙与妻子布里吉特、比尔·盖茨与妻子梅琳达，在这类经典爱情故事里，男女双方都能最大限度地激发彼此的正能量，将对方变得更优秀、更完美。

生命型亲密关系最大的魔力就是，两人都会比在一起之前更优秀、更自律、更自信、更有战斗力；他们会以成就对方为荣，包括成就对方的事业、成就对方的理想、成就对方的人生价值；他们最大的感受不是找到了幸福、找到了快乐，而是彼此都能绽放出生命的最大光芒。

生命型是人类亲密关系的最高级别，它必须有以下这五个前提。

A. 以爱情为契机。爱是不可自拟的情愫，它是不以金钱、色相、同情、帮助等为转移的自然吸引。

B. 以平等、尊重为前提。爱的双方都是具有独立意志的个体，双方的结合是自由的结合，双方的相处是平等的相处，既不存在肉体与精神上的牺牲，更没有任何道德上的绑架。

C. 以点燃对方为乐趣。爱是为了让对方变得更好而心甘情愿地付出。生命型亲密关系的双方，一定要彼此激发正能量，使对方以最好的状态锻造出一个更优秀、更快乐的自我。

D. 以忠诚为契约。比起前四种亲密关系，生命型亲密关系的双方会更忠诚，因为他们结合的根基更牢固。

E. 以毕生去实践。朝秦暮楚、始乱终弃这类行为不太容易发生在生命层次的亲密关系上，正如一幢房子不可能拆去支柱而巍然屹立，生命型亲密关系的双方也不太可能做拆掉支柱这样冒险的事，对方的安然存在，本身就是一种坚不可摧的信念。

如果说绞杀型亲密关系的特征是损人不利己，生理和生存型是损人利己，生活型是利己不损人，那么，生命型则是利己利人，这是亲密关系的完美形态！

（一）生命型，四个人的相亲相爱

前面说了，生命型亲密关系究竟是种怎样的感受呢？就是，他可爱的时候，你爱他；他不可爱的时候，你也爱他。

这好像很难体会，什么叫不可爱的时候也爱他？比如，他和你掐架的时候、不让你吃饭的时候，一般人都会气不打一处来，哪还能爱得起来？

聊到这儿，老朱又爆了自己的料。过去，跟前妻在一起时，老朱要在家里睡午觉，前妻不让他睡，他就会充满委屈："我那么累，回来睡个午觉都不让。"

但是现在，老朱经常在办公室里，满脸幸福地讲述自己是怎么被妻子惩罚的，过程就不描述了，但是可以想象，当时的老朱一定是副又贱又幸福的模样。

区别就在这里：你不爱他，他打你，你会觉得委屈；你爱他，他打你，虽然肉体上你会觉得痛，但心里不会有委屈。当他不可爱的时候，你委不委屈，就是爱不爱一个人的衡量标准。

现在的老朱为什么不会觉得委屈呢？生命型亲密关系的人都不会觉得委屈。

因为，所有生命型亲密关系，都是四个人的完美结合，而不是两个人。在这四个人里面，大 A 首先要爱小 a（大 B 也很爱小 b），当小 a 不开心时、愤怒时、想出来作乱时，大 A 就会特别理解小 a、同情小 a，因为大 A 非常清楚地知道小 a 在 0—6 岁时经历了哪些痛苦、哪些屈辱、哪些阴暗的时刻。大 A 就像小 a 的再生父母，非常愿意把小 a 抱在怀里重新爱一次。所以，当小 a 被重新爱、重新呵护时，他就会重新成长，他原本的委屈感和攻击性就会被全部化解掉。这个时候，大 A 和小 a 才是真正不离不弃的、手拉着手的好朋友。

同样，生命型亲密关系中的大 B 和小 b 也是一对和谐统一体，他们不会互相战斗。不战斗，就会很快乐。

因此，第一个层面，生命型亲密关系中的 A（a）和 B（b）首先是两个健全的人，而不是两个分裂体、变态体。

第二个层面，生命型亲密关系中的双方，除了爱对方的大我，也会爱对方的小我。也就是说，A（a）会爱大 B，也会爱小 b；B（b）会爱大 A，也会爱小 a。这怎么理解？意思是，每当 B 的小我（也就是小 b）过得不好时，A 的小我（小 a）就会跳出来，从“心”的层面理解小 b；另外，A 的大我（大 A）也会跳出来，从“智”的层面帮助小 b。

你看，多么完美的四人组合，史上最幸福男女天团就在这一刻产生了。那幸福是什么感觉呢？就是无论他可不可爱，你都能够理解他、帮助他、爱他。

（二）生命型亲密关系的四大指标

说了这么多，算是梳理了生命型亲密关系的本质，就是“四个人的相亲相爱”。那么，究竟怎么衡量一组亲密关系是不是生命型呢？

我希望找到一些具体的指标，此刻，又要请你拿出笔来做测试。你以自己的亲密关系，或者父母、岳父岳母、爷爷奶奶、外公外婆等任何家庭成员的亲密关系来做剖析都可以。

□（1）生命型亲密关系，首先会让人特别放松。

在生命型亲密关系里，小 a 和小 b 都是活着的，而且活得很好。小 a 和小 b 为什么能活得好，因为即使他们出来捣乱、惹事儿，也不会有特别严重的后果，大 A 和大 B 会理解他们、包容他们。

那么，一个人，在什么时候，才敢放任自己的小我出来？显然是在放松的时候，要知道小我出来，是有可能惹事儿的！

□（2）生命型亲密关系，会唤醒对方最自然的一面。

因为生命型亲密关系允许小 a 和小 b 存在，而小 a 和小 b 又是主要负责什么的呢？

——“心”。

0　6 岁，什么都跟从本心。

本心，即自然，即造物主的安排，而不是人的智力安排。

一个自然的 0—6 岁的小孩，什么都可能做出来，他会经常犯错（但绝不会犯罪，因为他还不具备犯罪的能力）。

那么，一个爱犯错的人，可不可爱？

可爱。

假设你现在是个母亲，有个两岁的儿子，他把面粉倒在地上，然后用手去摸了摸、尝了尝，可不可爱？特别可爱。

假设你现在是个父亲，有个三岁的女儿，他爬到你头上，用彩笔在你身上画画，把你画成了八爪鱼的模样，可不可爱？特别可爱。

假设你现在是个女人，你男人突发奇想，把自己从西装革履的绅士变成了索马里海盗，你会不会觉得他很可爱？太可爱了。

假设你现在是个男人，情人节，别的女人都送丈夫巧克力、衬衫、领带，而你妻子网购了一箱咸鸭蛋，给你寄到公司来，还附了一张明信片，上面写着“亲爱的，工作时间别扯淡”。哈哈哈，可不可爱？可爱到飞起来。

写到这儿，我不禁想到一个案例。

老布什九十多岁的时候，妻子生病住院，第二天他就开始装病，这样就可以和爱人一起住院。他到爱人的房间，在她睡觉时握着她的手。他的头发竖起来，带着氧气面罩，穿着病号服，看起来像去地狱走了一圈。但是爱人睁开眼的第一瞬间，却对他说：“天哪，乔治，你简直帅爆了！”家人和护士全都被他们感动得流下泪来。

你看老布什，从权位上看，已经成了全世界最厉害的男人之一；从年龄上看，也已经步履蹒跚、老态龙钟了……但是，他仍然拥有生命最自然的一面，会和小孩子一样，做出一些出格而滑稽的事，但是，那正是一个人的魅力所在。

阅读至此，你如果不知道自己的亲密关系是不是生命型，看看自己和对方，是不是还有小孩子的一面，是不是能肆无忌惮地在对方面前展现那一面。

□（3）生命型亲密关系，会让对方变得更温柔、更善良。

人之初，性本善。亲密关系里，那两个0—6岁的小孩子，如果他们活得很好，他们的天性就会很善良。

为什么呢？

假使一个人，能把自己的小我照顾得特别好，也能把爱人的小我照顾好，那么，当他走出自己的家，到了外界，看到那些正在遭受痛苦的人，他就特别容易感同身受，能够轻而易举地看到那些痛苦的人他们的小我是什么样子、遭受过什么。他去帮助那些人的小我，就会很容易对症。

一个人，施与爱的能力是无限的，装住爱的能力却是有限的。

生命型亲密关系中的人，每天都被对方爱、被自己爱，他所收获的爱就会满溢出来。装不下，怎么办？最好的状态，就是把这份爱分享出来、流露到需要爱的人们身上。你看我们老板，自己从地狱到了天堂，见到了天堂里的美好，就特别想写本书出来分享给大家，激励大家也过上更好的生活——这不就是生命型爱情让他变得更善良的例证吗？

□（4）生命型亲密关系，会让对方变得更高级。

上一条里，我们说生命型亲密关系会让人变得更善良，这是针对外界而言的。

其实，生命型最大的魔力，是可以让双方变得更高级，这是针对自己而言的。

所谓高级，是指脱离了低级。

脱离低级分两种，一种是“浪子回头”，一种是激发成就。

A.“浪子回头”。比如很多男人结婚前可能什么坏事儿都干，抽烟、喝酒、飙车、打架、吸大麻……但是结婚后，一夜之间就可能“洗心革面”，变得顾家、疼妻子、爱孩子、努力工作、戒烟戒酒……生命型亲密关系就有类似这样的魔力，如果遇到一个能够点燃你生命渴望的人，你也会情不自禁地变得很自律、很严格要求自己。

B.第二种脱离低级的形式，是互相激发成就。这里说的激发成就，不是指让对方变得更有钱更有权或者更厉害，而是指能让对方脱离生活的低级趣味，变成一个纯粹的人、一个高尚的人。

那在今天，什么最高尚呢?

显然，这是一个人人逐利的时代，大部分人只能追着时代跑，或者被时代推着跑，这些人最后就成为所谓的“群众”。真正高级的人，他会有一个利于时代、利于他人的理想，顺着这个理想去做利于时代、利于他人的事业。比如老朱，一边开着广告公司挣钱养妻子孩子，一边心里始终有股助益社会的火苗存在。所以，他才会忙里偷闲地写书，每天不停地做广播、给徒弟讲课，对每一个听得见他声音的人大声疾呼——一定要关注心理健康啊!

话说回来，一份好的爱情，会让人变得更高级。就男人而言，就是会变得更有理想、更自信、更自律、更勇敢、更有斗志；就女人而言，就是会变得更纯朴、更不世俗、更有安全感，当然也会变得更有梦想、更有力量。

简而言之，就是，生命型爱情会让双方都变得更优秀。就像奥巴马，他遇到米歇尔后，从一个小职员变成了美国总统，全世界最牛的人物之一。就像扎克伯格，虽然他很小的时候就已经很厉害了，但是他说，在哈佛期间，最大的收获就是遇到自己的妻子。跟妻子在一起后，他从“厉害”转为“优秀”，关心社会、助力公益，也爱家人、爱自己。比如杨振宁和翁虹，我们很多人都不能理解他们之间的感情，但是我们却能清楚地看到，杨振宁和翁帆在一起后，整个生命变得更有能量，一个八十几岁的老人，浑身还散发出一股旺盛的精气神。

以上就是生命型亲密关系的几个层次：让人无比放松——唤醒双方最自然的一面——对外，无比温柔、无比善良——对内，更高级、更优秀。多么令人神往的境界呀！

当然，如果你觉得这个检测标准比较复杂，我还有套特别简单的方案，就是回答下面三个问题：

A. 如果明天早上，你和爱人只能醒来一个，你会选择哪一个？

B. 你是否从来没有想过要背叛对方，包括背叛对方的身体、背叛对方的感情、背叛对方的金钱，等等？

C. 找几个身边的人问：你和他在一起之后，有没有变得比以前更好更优秀？

答案你已经知道了，不要说出来。

第三节　剖析我父母的婚姻

前面，我们已将老朱的“亲密关系五层次论”做了简要的论述。

现在，我们想请你再做一次自诊。无论你正处于亲密关系的哪种层次，以下都是一些必修题。

一、首先，请你对你的原生家庭做个诊断。如果不清楚，就寻求父母的帮助。

绞杀型、生理型、生存型、生活型、生命型，以上五个层次的亲密关系，你父母属于哪个层次：

____

你母亲最爱对你父亲说的话是：

____

你母亲最爱对你父亲做的事情是：

____

反之，你父亲最爱对你母亲说的话是：

____

你父亲最爱对你母亲做的事情是：

____

你母亲对你父亲最大的期望 / 要求是：

____

你母亲这辈子最大的心愿是：

____

是否实现：______；实现了 / 未实现的原因是：

____

你父亲对你母亲最大的期望 / 要求是：

____

你父亲这辈子最大的心愿是：

____

是否实现：______；实现了 / 未实现的原因是：

____

如果满分是 100 分，你母亲给她的婚姻打________分；你父亲给他的婚姻打________ 分；而你又会给他们的婚姻打______分；

如果用一句话评价他们的婚姻，你母亲的评语是：

____

你父亲的评语是：

____

而你的评语是：

____

你认为，到目前为止，他们没有（或者已经）离婚的原因是：

____

你看好他们的婚姻吗：______；你估计他们的婚姻还能维持__________年；在这剩下的______年里，你认为他们婚姻的幸福指数大概是________（满分 100）；

你认为，在你父母的婚姻关系里，最值得你学习的地方是：

____

你认为，在你父母的婚姻关系里，你最该引以为鉴的地方是：

____

如果你是男性，你愿意娶一个你母亲那样的人吗：________；如果你已经结婚或者有对象了，你的另一半身上，有哪些特点跟你母亲特别相似：

____

如果你是女性，你愿意嫁给一个你父亲那样的人吗：______；如果你已经结婚或者有对象了，你的另一半身上，有哪些特点跟你父亲特别相似：

____

下辈子你还愿意做你母亲的孩子吗？

□愿意　□不愿意

你父亲呢？下辈子你还想跟他做父子或者父女吗？

□愿意　□不愿意

二、以下是夫妻双方互不相爱但又不离婚的 18 种理由，如果你发现自己的父母不是特别相爱，请以他们为样本，看看他们中了几个。（如果你发现父母特别相爱，而你的亲密关系却不是很理想，请以自己为样本，看看你中了几个）

□ 1. 为了孩子而不离婚。这是很多女人，即使发现丈夫出轨、发现丈夫在外面养小三、和丈夫已经长年不过性生活，仍然选择不离婚的首要理由。

□ 2. 凑合着过，既不爱对方，但对方也不是那么讨厌。两个人的关系特别淡漠，在一起只是一种习惯。

□ 3. 男大当婚女大当嫁，认为婚姻只是人生的一个程序，甚至认为到一定年龄还没结婚或者离了婚，就是一个重大失败。

□ 4. 没有爱了，但是有亲情、有交情。用亲情来维系婚姻，说起来不就和跟亲戚结婚差不多吗？

□ 5. 离不掉。女的离不掉，因为男的说“你敢跟我离婚，我就死给你看”；男的离不掉，因为女的说“离婚可以，先给我一千万”。

□ 6. 一把年纪了，吵吵闹闹也就过去了，夫妻嘛，就是个伴儿。

□ 7. 对婚姻的质量要求过低，认为结婚就是找人搭伙过日子，条件合适、性格合拍就行。

□ 8. 没有找到更好的。比如，两口子吵架分居，一方在外面找了一个，结果发现还不如原来那个。

□ 9. 其中一方离开另一方没法过。比如，有些女性没收入，就会特别担心自己离开对方会饿死；有些男人不会做饭、不会洗衣服，就会觉得离开对方，自己没办法生活。

□ 10. 明知道不爱对方，但对方也没犯什么错，以致找不到理由跟对方离婚。

□ 11. 不敢离婚。比如，明星或者官员，担心离婚会影响自己的人气、影响仕途；又比如商人，一离婚对方就会分割掉自己的大笔财产。

□ 12. 认为“忍”是一种美德。自己被自己感动，认为自己能够“忍”得下对方，是一种很牛的行为。

□ 13. 明知道不爱对方，可离婚又不划算。比如，很多女人到了 50 岁，就会认为离婚以后自己找不到对象，所以坚决不离。

□ 14. 故意绞杀，我不好过谁也别想好过，我要拖死你。

□ 15. 认为婚姻不重要。事业重要，朋友重要，父母重要，领导重要，唯有婚姻不重要。

□ 16. 认为即便离了，以自己的臭毛病，找个人还是会过成现在这样。这种人宁愿忍受一桩糟糕的婚姻，也不去修正自己的缺点，甚至很多男人认为犯错很牛，比如“我想喝酒就喝酒，她也不敢管我”。

□ 17. 因为外界的压力而不敢离婚，比如父母不准离。

□ 18. 轻贱自己。有些人会认为：“我烂命一条，能找到妻子就不错啦，回到家有人给我端盆热水就不错啦！”

如果你父母或者你自己的婚姻，属于以上任何一种情况，请大声朗读本书中关于生理、生存、生活型亲密关系的共同特征。

做了这么多题，你一定很累了。来，扯点闲篇儿，咱们休息一下。

【《神秘问卷》阅读说明】

我想说的是，阅读过程中，如果你觉得很烦、很累、很痛、很想骂娘……那都是正常的。其实我也没底气说，里面的每个问题我都有耐心、有勇气把它做完。

我理解你的感受。

一、如果你的生活很顺，最近也没经历什么波折，你可能一个问题都不会做。因为大多时候，我们会刻意回避自己的悲伤、刻意隐瞒自己的伤痕，我们不会怀疑未来将要遇到的困难，也不会直面自己的生命是多么短暂。我们不直面，就好像一切问题都不存在。

如果是那样，那么，你可以：

1. 翻一翻，把里面的故事读完。你一个健康的人，看看老朱、小沈、小赵他们有多悲惨，就当买票去看了场话剧；

2. 如果你没忍住，开始做题了，那么我有一句善意的提醒：“你开启了一段痛苦的旅程，可它最终通向光明。”

二、这是一段痛苦的旅程。因为，阅读和答题过程中，你可能会产生以下不适：

1. 与爱人吵架、与父母吵架、与孩子吵架；

2. 骂自己、唾弃自己、恨自己；

3. 痛哭、失眠、喝醉；

4. 离婚；

5. 辞职；

6. 孩子离开你去别处生活；

7. 失去朋友，众叛亲离。

三、如果有以上体验，证明你已经勇敢地撕开了自己的阴暗面。正如老朱所说，“来，给自己一刀”。这一刀，不是把自己“捅死”，而是“划开”看似完好的表面，取出体内的“瘤子”。

取“瘤子”当然很痛！而且是你自己拿着手术刀，还没打麻药。

如果你坚持不下去，怎么办?

暂停，喝杯咖啡喘口气，或者歇几天；

找到你最信任的人，让他站在你旁边，你一边取“瘤子”一边和他聊天；

找个宁静的地方，比如某个怡人的湖边，住上几天，一边晒太阳一边给自己的心灵“开刀”；

找个“病友”，可能是你兄弟、闺蜜，或者是爱人，你们一起治，目的是互相壮胆、互相鼓励。

当然，如果试了很多办法，你仍然无法面对“长瘤”的自己，你觉得自己不用治，也不相信能治好，那就把书扔了，或者退回来，都行。

对了，出版前，我们做了个测试：能完整读完、做完这本书的人，不到1%。

那1%，是不是就有你?

第四节　规划我的亲密关系

对，你恐怕就是那坚韧的、果敢的、勇猛的 1%。

你好，欢迎回来，继续做题。题目是，请对你未来的亲密关系做个计划。要求：务必每个问题都深思熟虑。

绞杀、生理、生存、生活、生命，以上五种爱情层次，你现在正处于哪一层？

你还爱着你现在的伴侣吗？

□爱着　　□不爱了　　□不确定

你跟他 / 她在一起之后，有没有变得比以前更好？

□有　　□没变化　　□比以前更糟了

□不关心，反正不想过了

请你认真想一想，跟他 / 她在一起之后，你哪些地方变得比以前更好了：

请你认真想一想，跟他 / 她在一起之后，你哪些地方变得比以前更糟了：

那么，他 / 她跟你在一起之后，比以前变得更好吗？

□有　　□没变化　　□比以前更糟了

□不关心，反正不想过了

请你认真想一想，跟你在一起之后，他 / 她变得更好的地方有：

请你认真想一想，跟你在一起之后，他/她变得更糟的地方有：

你们还可以做得更好吗？

□可以　　□也许吧　　□已经无能为力

你认为，你们能将这段关系经营至哪个层次：

□绞杀型　□生理型　□生存型　□生活型　□生命型

那么，怎样才能将你的亲密关系经营至你想要的那个层次呢？请严肃地认真地完成以下全部习题。

经过认真的思考过后，如果你和伴侣准备向生命型亲密关系进军，下面这个方法也许可以帮到你，我们将这个方法称为"理想七步法"。

第一步，找出自己的理想及理想的生活方式，并在下面进行阐述：

第二步，为自己的理想及理想的生活方式，制订具体的行动计划（尽量详细）：

第三步，找出对方的理想及理想的生活方式，并进行阐述：

第四步，为对方的理想及理想的生活方式，制订具体的行动计划，或者帮助对方一起制订计划：

第五步，找出你们双方的理想及理想的生活方式中互相重合的部分，即你们共同的理想与理想的生活方式，并进行阐述：

第六步，请为你们共同的理想及理想的生活方式，制订具体的行动计划：

第七步，制订好之后，按照你们的计划去行动。

然而，在我们的读者当中，一部分人也许已经痛彻心扉，已经不抱任何希望，已经完全不想和对方继续过下去了，如果是这样，也请你冷静下来，再多十分钟的耐心，认真思考并回答我以下这几个问题。

A. 请仔细回忆，既然现在这么水火不容、势不两立，当初你们又是怎么走到一起的呢？

请仔细回忆，既然现在这么水火不容、势不两立，当初你们又为什么会结婚呢？

请仔细回忆，既然现在这么水火不容、势不两立，当初你们又为什么会生孩子呢？

请认真回忆你们走过的历程，搞清楚你对他/她的感情，是以前爱现在不爱了，还是一开始就是错觉？

□以前我们彼此相爱，但现在不爱了

□一开始就是错觉，我们的结合根本就是个错误

B. 请用心分析，既然当初你们选择在一起，为什么现在又不想在一起了？

一、如何正确地爱妻子

读到这里，你可能有一点难受，可能自己没有想象中那么爱自己的妻子，或许自己爱妻子的方式是错的。你一定特别想知道，到底怎样才是真正地爱妻子。

我们不妨这样来看，假设你的妻子是你的女儿，你特别爱她，特别希望她能幸福，那么她身边应该有一个怎样的男人才会幸福？

以下是一个优秀的男人应该做到的事，请让你的爱人勾选出她希望自己丈夫能做到的事。

□ 1. 每天看书 1 小时以上

□ 2. 愿意学习新的技能

□ 3. 有一项热爱的体育项目

□ 4. 坚持运动

□ 5. 有一项热爱并坚持的爱好

□ 6. 时刻注意自己的形象

□ 7. 饮食健康

□ 8. 作息规律

□ 9. 经常整理、打扫自己的房间

□ 10. 能戒掉不良嗜好

□ 11. 愿意思考

□ 12. 懂得欣赏一门艺术

□ 13. 会一门手艺，并能达到专业级别

☐ 14. 疼爱妻子、孩子

☐ 15. 无条件信任妻子、孩子

☐ 16. 有一份收入足够维持家人生活的体面工作

☐ 17. 经常给妻子、孩子惊喜

☐ 18. 尊重自己孩子，愿意与孩子做朋友

☐ 19. 每天陪妻子交谈

☐ 20. 每周带家人外出游玩一次以上

☐ 21. 一周至少四天回家陪家人吃晚饭

☐ 22. 记得妻子和孩子的生日，并准备礼物

☐ 23. 记得的结婚纪念日，并准备礼物

☐ 24. 能准确说出妻子的喜好

☐ 25. 能说出孩子朋友的名字

☐ 26. 对家人有足够的耐心

☐ 27. 愿意为妻子、孩子做的任何事情承担后果

☐ 28. 努力帮妻子、孩子实现他们的梦想

☐ 29. 热爱自己的工作

☐ 30. 相信自己的同伴

☐ 31. 遵守法律

☐ 32. 坐公交地铁时会给老、弱、病残者让座

☐ 33. 遇到不公平的事，能挺身而出、伸张正义

☐ 34. 尊重所有人

☐ 35. 遇到冲突，能理智地想办法

☐ 36. 接受与自己不同的人

☐ 37. 犯错能坦然承担后果

□ 38. 善待妇女、儿童等弱者

□ 39. 守时

□ 40. 真诚地对待自己的朋友

□ 41. 有人求助，会全力帮助

□ 42. 能照顾朋友的感受

□ 43. 谈吐幽默

以下为一个优秀的男人决不能做的事，请让你的妻子勾选出哪些是她不希望你做的。

□ 1. 从不学习

□ 2. 从不思考

□ 3. 没有任何兴趣、爱好

□ 4. 暴饮暴食

□ 5. 作息混乱，经常熬夜

□ 6. 衣着邋遢

□ 7. 不爱干净

□ 8. 过分节俭

□ 9. 从不做家务

□ 10. 毫无主见

□ 11. 不努力工作

□ 12. 混日子

□ 13. 乱发脾气

□ 14. 控制妻子、孩子

□ 15. 打骂孩子

☐ 16. 从不关心妻子

☐ 17. 以加班、应酬为借口不回家

☐ 18. 对家人无比吝啬

☐ 19. 不尊重孩子的兴趣

☐ 20. 不知道孩子的生日

☐ 21. 自己不努力，却要求孩子努力

☐ 22. 窝里横

☐ 23. 从不帮助家人

☐ 24. 辱骂、殴打妻子

☐ 25. 把妻子当成发泄性欲的工具

☐ 26. 把妻子当成出气筒

☐ 27. 把妻子孩子当成自己的私有财产

☐ 28. 出轨

☐ 29. 嫖娼

☐ 30. 过分纵容妻子、孩子

☐ 31. 欺负弱者

☐ 32. 不喜欢自己的工作

☐ 33. 乱扔垃圾

☐ 34. 闯红灯

☐ 35. 插队

☐ 36. 行贿

☐ 37. 走后门

☐ 38. 滥用职权

☐ 39. 侵吞公共财产

□ 40. 热衷于拉帮结派

□ 41. 过分讨好别人

□ 42. 不信任自己的同事

□ 43. 开车“路怒”

□ 44. 遇到不公平的事，冷眼旁观

□ 45. 喜欢炫耀自己

□ 46. 到处树敌

□ 47. 不为自己的行为承担责任

□ 48. 违法乱纪

□ 49. 对人阳奉阴违

□ 50. 出卖自己的朋友

□ 51. 利用自己的朋友

□ 52. 从不帮助朋友

□ 53. 过分干涉朋友的生活

□ 54. 纵容、怂恿朋友干坏事

勾选完毕后，请对照一下自己，你有哪些做不到的？你愿意给你深爱的妻子这样一个丈夫吗？如果你的回答是愿意，请你保持。

如果你不愿意，请接着往下读，按照引导写下一个誓言。请念给她听，让她知道丈夫的决心。

在这之前请先确认一下，你是否真正爱你的妻子！

我特别想知道怎样才是真正爱妻子！

______________________（请抄写一遍上面那句话）

__________（丈夫签名）

【爱妻宣言】

作为一个男人，我认为一个优秀的丈夫，他一定能做到：

（请抄一遍上面那句话）

发誓人（签名）：__________　　爱人签字：__________

孩子签字（画押）：__________　　年　月　日

【爱妻宣言】

作为一个男人，我认为一个优秀的丈夫，他一定能做到：

（请抄一遍上面那句话）

发誓人（签名）：__________ 爱人签字：__________

孩子签字（画押）：__________ 年 月 日

作为一个男人，我清楚地知道一个优秀的丈夫，一定不会做：

____

（请抄一遍上面那句话）

发誓人（签名）：__________　　爱人签字：__________

孩子签字（画押）：__________　　年　月　日

我的妻子把余生都交给了我，为了不让她身边有一个糟糕的男人，我决定改变自己，绝不能辜负她对我的信任。

我决定从现在起，无论如何坚决不做以下事情：

____

（请抄一遍上面那句话）

____

____

____

____

____

____

____

____

____

____

____

____

____

发誓人（签名）：__________　　爱人签字：__________

孩子签字（画押）：__________　　年　月　日

如果我做不到刚才所承诺的，我一定会勇敢地承认，我并不是那么爱自己的妻子。因为我觉得自己不可能变得优秀，我根本不相信自己，也不爱自己，一个连自己都不爱的人，肯定不会真的爱自己的妻子。

如果我做到了，我一定会保持下去，并且感谢我的妻子。她是我的恩人，因为我爱她，我希望她幸福，我才会改变自己，成为一个优秀的男人。

我亲爱的妻子，这本书我将永远保存着，每年结婚纪念日，我都将再次拿出来念给你听，让它永远陪着你，这就是我能给你的最好的礼物！

二、如何正确地爱丈夫

读到这里，你可能有一点难受，或许自己没有那么爱自己的丈夫，或许自己爱丈夫的方式是错的。你一定特别想知道，到底怎样才是真正地爱丈夫。

不妨这样想想：你的丈夫就是你的儿子，你非常爱他，非常希望他过得幸福。那么，他身边应该有一个怎样的女人才会变得幸福呢？

爱你的丈夫，最应该做的就是改变自己，给他一个好妻子。

以下是一个优秀的女人应该做到的事，请让你丈夫勾选出他希望你今后能做到的事。

□每天看书

□脸上总洋溢着笑容

□时刻打扮自己

□身材匀称

□有一项自己的爱好

□有自己的理想

□有自己独立的判断

□有养活自己的能力

□不压抑自己的情绪

□会耐心地照顾家人

□愿意帮助自己丈夫和孩子

□会变着花样给家人惊喜

□每到换季时都会给丈夫、孩子买衣服

□了解丈夫的爱好

□尊重孩子的决定

□每过一段时间学习一样新的菜品

□无条件相信自己的丈夫和孩子

□经常打扫房间

□会布置装饰房间

□对家人温柔体贴

□能准确说出丈夫、孩子的鞋码

□对陌生人善良

□尊重身边的每一个人

□待人热情

□言谈举止得体

□真诚地对待自己的朋友

以下为一个优秀的女人决不应该做的事，请让你丈夫勾选出他不希望你做的事。

□经常对家人乱发脾气

□嫌弃自己的丈夫

□欺负自己的孩子

□贪慕虚荣

□饮食不节制

□过胖或过瘦

□总是愁眉苦脸

□没有自己的爱好

□完全没有主见

□总是依附男人

□没有养活自己的能力

□过分挑食

□花钱没节制

□不会做饭

□虐待小动物

□控制自己的孩子

□过分训练自己的孩子

□总是监视自己的丈夫

□经常抱怨

□爱和别人攀比

□待人冷漠

□凡事都要争个输赢

□脏话连篇

□不分场合大声喧哗

勾选完毕后，请对照一下自己，你有哪些做不到的？你愿意给你深爱的丈夫这样一个伴侣吗？如果你的回答是愿意，请你保持。

如果你不愿意，请接着往下读，按照引导写下一个誓言。请念给他听，让他知道你的决心。

在这之前请先确认一下，你是否真正爱你的丈夫！

我特别想知道怎样才是真正爱丈夫！

（请抄写一遍上面那句话）

（妻子签名）

【爱夫宣言】

作为一个女人，我认为一个优秀的妻子，她一定能做到：

（请抄一遍上面那句话）

发誓人（签名）：__________ 爱人签字：__________

孩子签字（画押）：__________ 年 月 日

我深爱着我的丈夫，所以我要给她一个优秀的妻子。

我决定从现在起，不惜一切代价做到以下事情：

（请抄一遍上面那句话）

发誓人（签名）：__________ 爱人签字：__________

孩子签字（画押）：__________ 年 月 日

作为一个女人，我清楚地知道一个优秀的妻子，一定不会做：

（请抄一遍上面那句话）

发誓人（签名）：＿＿＿＿＿＿　　爱人签字：＿＿＿＿＿

孩子签字（画押）：＿＿＿＿＿＿　　年　月　日

我的丈夫把余生都交给了我，为了不让他身边有一个糟糕的女人，我决定改变自己，绝不能辜负他对我的信任。

我决定从现在起，无论如何坚决不做以下事情：

（请抄一遍上面那句话）

发誓人（签名）：__________ 爱人签字：________

孩子签字（画押）：__________ 年 月 日

如果我做不到刚才所承诺的，我一定会勇敢地承认，我并不是那么爱自己的丈夫。因为我觉得自己不可能变得优秀，我根本不相信自己，也不爱自己，一个连自己都不爱的人，肯定不会真的爱自己的丈夫。

如果我做到了，我一定会保持下去，并且感谢我的丈夫。他是我的恩人，因为我爱他，我希望他幸福，我才会改变自己，成为一个优秀的女人。

我亲爱的丈夫，这本书我将永远保存着，每年结婚纪念日，我都将拿出来念给你听，让它永远陪着你，这就是我能给你的最好的礼物！

是真的不想再在一起，还是一时赌气？

____

____

如果只是一时赌气，请重新规划你们的亲密关系。

如果是真的不想再在一起，请仔细回忆，跟对方相处时，你都有哪些不愉快的表现？

____

____

____

____

____

那么，究竟是什么导致你不想再跟对方一起过下去？

____

请理性地分析，在这段关系中，你们分别犯了哪些错误？如果分手或离婚，各自需要承担哪些责任？

这段关系中，你所犯的错误：____________________

____

如果分手或离婚，你需要承担哪些责任：____________

____

你是否愿意承担上述责任？ □愿意 □不愿意

这段关系中，他/她所犯的错误：

____

如果分手或离婚，他/她需要承担哪些责任：________

____

他/她是否愿意承担上述责任？ □愿意 □不愿意

如果你们双方或者你单方不愿意承担分手或离婚的责任，那么请重新规划你们的亲密关系。

如果你们双方或者你单方愿意承担分手或离婚的责任，那么，恳请你，也不要急于在今天就结束这段关系好吗？先把这本书看完、做完。相信，等你按要求、按顺序把这本书看完、做完的时候，你们的关系就已经大有转机。

第五节 老朱与小沈的对话

小沈：咦，朱老师，您说的五种婚姻类型我都同意，我也觉得生命型婚姻很好，可我们普通老百姓，应该为了追求生命型婚姻而放弃生活型婚姻吗？当追求生命型婚姻失败的时候，我们又该咋办呢？

老朱：生命型婚姻就是以爱情为基础、以互相实现为目的的婚姻。逻辑上说，这是婚姻唯一“合法”的形式，每个人的婚姻都应该是生命型婚姻才对。你问我该不该刻意去追求它？其实不叫“刻意”，而是你唯一应该追求的，不二选的。

小沈：如果那样的话，大多数人的婚姻都会失败了。

老朱：大多数人婚姻失败不是因为他选择了什么样的婚姻而失败，恰恰是因为他本身很失败最终才只能选择失败的婚姻。在爱情的跑道上，生命型爱情是唯一要追求的目标。这就好比，如果你是一个运动员，你就应该去参加比赛，你不去比赛，这本身就是个失败。那么，你去参加比赛，你可能会赢也可能会输；可你如果不去参加比赛，你早就已经输了，输完了。同理，一个人，去恋爱、去结婚，如果他都不相信爱情，不相信爱情可以让双方变得更好，那他去恋爱、去跟人结婚，这本身就是一种“犯罪”。你追求生命型婚姻，你没有追求到，你至少知道为什么、怎么办，你没有糊弄自己。相当于一个运动员去参加比赛，他输了，但他不是傻。可是如果一个运动员连比赛都不去参加，他就是傻。

你刚刚问如果求而不得，那怎么办。上帝造人的时候，把人分成两半，因此，一定有一个生命可以成就你。如果“求不得”，要么是机缘没到，要么是你自身心理出了问题，而绝不是婚姻本身的原则错了。原则上，每一个求而不得并最终放弃的人，都是他的失败不是爱情的失败，是他人生的失败。相反，每一个没有放弃自己的人、每一个珍惜自己的人，他都应该去追求以爱情为基础、以互相实现为目的的生命型爱情。不敢追求的人，那是因为他本身是个“病人”，当他治好的那天，就有极大的可能会遇到生命型的爱情。因为，一个心智健全、生命觉醒的人，他会特别可爱，也自然会有人爱他。而与此同时，他会以赤子之心坦诚地爱着这个世界，爱着他遇到的人。爱他的人，和他爱的人，一定会在恰当的时机交会。

小沈：那朱老师，您认为大多数人没有得到“生命型爱情”的原因是什么？

老朱：原因有很多。但前提是，在我们去研讨什么叫“生命型亲密关系”前，必须先承认“绞杀型亲密关系”“生理型亲密关系”“生存型亲密关系”“生活型亲密关系”这四种亲密关系的形式是不对的。可能每个人对“亲密关系的完美形态”都有不同的理解，他们也不见得认同我说的“生命型亲密关系”就是最完美的亲密关系的说法，但是我想请他们勇于承认他现在的亲密关系是不够完美的。他只要敢否定前四种亲密关系，摒弃那四种方式，只要相信自己是可以重新开始的，事情就好办多了。

当然，重新开始并不意味着一定要离婚或分手。重新开始有两种情况，第一种还是那个人，第二种是换一个人。最重要的是，你一定要知道前四种关系的状态是不对的。我有个部下，听了我讲“亲密关系五层次论”的音频以后，跑来跟我说：“老朱，我觉得你讲得不对，在我看来，生活型婚姻就是最好的形态，生活本来就应该是柴米油盐酱醋茶，平平淡淡过一生挺好。”然后我问他：“你妻子怎么想？”他说：“她总想跟我离婚，你说这是为什么呢？”本书出版前，他们已经离婚了。

小沈：毫无疑问，您会判定您现在的婚姻是生命型婚姻，但我想进一步得知，这份婚姻究竟给您带来了什么样的改变？是这份爱把您唤醒了吗？

老朱：是的，毫无疑问，是这份爱情给我带来了生命的觉醒。爱这朵花只会结一种果，那就是爱，它会把小爱变成大爱。具体来说，这份爱给我带来了三个重大的改变。

第一，让我从一个没有爱的人变成特别有爱的人，让我爱上自己、尊重自己，让我享受到了生命的欢愉，没有牢骚，没有负能量。

第二，这份爱情也让我从一个利己的人变成不那么利己的人。真正的爱，真正的生命的觉醒，它会让你散发出善的光芒。我从爱上自己，变为爱上身边的人，甚至想要去帮助这个世界。实际上，是这份婚姻给我带来了“善”，就是把我变得更善良，我不再跟别人吵架，不再觉得有人欺负我，如果有人骂我不再感到生气，而是想去帮助那个骂我的人。

第三，这份感情也让我从一个很担心自己的人变成一个特别不担心自己的人，它把我变得很自信，我不再有被害妄想症，不再有那么多的物质欲望，不再撒谎，不再丢垃圾。以前我说一年不乱扔一次垃圾、一年不对爱人撒一句谎，我自己都不相信，但现在，我真的轻而易举就做到了。把自己变成一个优秀的人，这是爱的力量，是其他任何力量都无法替代的。

小沈：能否透露一下您和爱人的日常生活或有趣的事？

老朱：我们平均每天要聊天 4 个小时左右。可以一起看电影，一起散步，一起讨论身边的每件事。我妻子遇到任何一件小事，我都会认真地跟她沟通，而不是应付她。比如，我妻子随口问一句：日本汽车为什么比德国汽车省油？这是件很麻烦的事，一般人会说“省油就是省油”，一秒钟就说完了。对我而言，我妻子问我这个问题，我会认真给她讲，一是呵护她的好奇心，二是借这个机会我自己也梳理一下。那我爱人对我也是这样，如我随口说，“我有时候会觉得很迷茫”，她就会用心理学的专业态度和角度，跟我聊两三个小时，告诉我“人为什么会迷茫”，帮我剖析我究竟在恐惧什么。包括我们俩在美国期间，我们一人买了一本《美国的文明》，一边旅游一边看。看完时，我们突然想：“如果是日本，会不会也有这样的文明？”然后我爱人就跑到美国的汉语书店买了一本《菊与刀》，在回来的飞机上，我们把它看完，第二周就一起去了日本。

其实也没什么特别，就是我们俩在生活中仍然保持着强烈的好奇心，会在意对方说的每一句话。这就是为什么好的婚姻会成就对方，因为我要给爱人解答问题，我就得把自己变得很博学、很专业、很深刻、很认真，而不是敷衍、肤浅。当然，她也是这样。所以你能想象，当伴侣之间，能把每一个疑问都当成学术问题来对待的时候，他们自然会有很多话要说。其他就没什么特别的了。

小沈：在此之前您的感情状况是？它糟糕到什么样子？

老朱：以前，我就像天下所有厉害而不优秀的坏男人一样，坏事做绝，除了没有犯罪。别人对我的评价是“流氓才子”，我现在的爱人对过去的我的评价是“一手好牌打得稀烂”。

其实一个人生命健不健康不是看他对别人，就看他对自己。我以前经常喝醉酒飙车，你知道这意味着什么吗？就是自杀。我以前，特别不尊重自己的生命，特别不知道脸面，嫖娼、包二奶、没完没了地说大话、赌钱、一个月平均喝醉五次、一个礼拜不打麻将就会扛不住、经常对家里人发火、在工作场合也特别喜欢挑衅别人……我原来就是这样子，其实特别瞧不起自己，经常第二天酒一醒会给自己两耳光。

小沈：您暴露这些丑陋的过去，也会给很多读者带来改变的勇气。

老朱：我也相信是这样。突然一瞬间我的生命觉醒了，我发现这是不对的，立马就可以变成今天这个样子。其实做到我今天这步一点也不麻烦，特别不麻烦，一个月就变过来了。当你意识到你爱自己的时候，你珍惜自己、尊重自己的时候，这一切就都不存在了。比如说戒烟，你明知道抽烟损害身体，你还在抽烟，这不是跟自己过不去吗？比如说嫖娼，每个男人都知道，嫖娼是下贱和不忠的行为，你知道这样你还去做，那是因为你瞧不起自己。打个不优雅的比方，嫖娼和吃屎都是令人作呕的行为，你管不住自己而要去嫖娼，可你为什么能管住自己不去吃屎呢？事实上，每个人都是可以管住自己的。寻找“爱”发现“爱”这条道路，就像西天取经，只要你在路上，历经九九八十一难，总会到达终点，而终点就是——当你临死之前，可以骄傲地说一声：我度过了幸福的一生。

（本文是2017年7月25日的对话，关于老朱的状态，后面我们还会讲很多次，你会发现，每次都有明显的变化，太有趣了！）

最后，让我们来做个游戏，缓解一下心情：

【男人请做此题】

一、我们（不一样文化）做了一份专供女性填写的调查问卷——“女人，你最讨厌男人拥有哪些特征？”以下80条，是从500份调查问卷中选出的较有代表性的答案。我们认为，如果你是单身男人，只要中了其中5条，找不到女朋友就很正常；如果你已经有了对象，只要中了其中5条，你对象就极有可能已经很厌恶你了。来，试试看你占了几条：

□ 1. 恨日本

□ 2. 不穿内裤

□ 3. 搓核桃、捻珠子

□ 4. 白天是教授，晚上是禽兽

□ 5. 白天是游客，晚上是嫖客

□ 6. 以作家自居

□ 7. 古惑仔

□ 8. 爱穿皮夹克

□ 9. 爱穿紧身裤

□ 10. 露鼻毛

□ 11. 酒鬼

□ 12. 在异地工作

□ 13. 加班太多

☐ 14. 爱装

☐ 15. 妈宝男

☐ 16. 散步时不牵爱人手

☐ 17. 过马路时不走在靠近车流的那边

☐ 18. 打女人

☐ 19. 开车超速

☐ 20. 喜欢泡茶馆

☐ 21. 说话中带英语

☐ 22. 疯狂追星

☐ 23. 体重低于 100 斤

☐ 24. 会当小孩的面抽烟

☐ 25. 赌徒

☐ 26. 穿卡通内裤

☐ 27. 西裤配运动鞋

☐ 28. 有难看的文身

☐ 29. 写性爱日记

☐ 30. 太宅

☐ 31. 贪污受贿

☐ 32. 秃头

☐ 33. 喜欢扎小辫儿

☐ 34. 喜欢蓄长胡子

☐ 35. 开车看手机

☐ 36. 喜欢嗑瓜子

☐ 37. 饭桌上劝人喝酒

☐ 38. 爱哭

☐ 39. 抠门儿

☐ 40. 非主流

☐ 41. 体重超过 180 斤

☐ 42. 开车“路怒”

☐ 43. 挑食

☐ 44. 暴脾气

☐ 45. 屁股太平

☐ 46. 有脚气

☐ 47. 穿脏裤子坐床上

☐ 48. 讨论明星生活

☐ 49. 爱吃大蒜

☐ 50. 爱穿黑布鞋

☐ 51. 睡觉打呼噜

☐ 52. 说话时脏字多

☐ 53. 娘娘腔

☐ 54. 不爱学习、不读书

☐ 55. 差不多先生

☐ 56. 在家不爱说话

☐ 57. 腰围小于一尺九

☐ 58. 过马路闯红灯

☐ 59. 洗碗不清理水槽

☐ 60. 从不说甜言蜜语

☐ 61. 睡前不亲吻对方

☐ 62. 会冷战

☐ 63. 会撒谎

☐ 64. 疑心重

☐ 65. 总跟女人争输赢

☐ 66. 爱看新闻节目

☐ 67. 爱看肥皂剧

☐ 68. 低头族

☐ 69. 回信息总是不及时

☐ 70. 喜欢把钥匙别腰上

☐ 71. 不会安慰人

☐ 72. 要吃狗肉

☐ 73. 街头和陌生人讨论政治

☐ 74. 穿 T 恤凸点

☐ 75. 喜欢说认识谁谁谁

☐ 76. 穿裤子露股沟

☐ 77. 你生病时对你说“喝水就好了”

☐ 78. 咳了一口痰，过一分钟才吐出来

☐ 79. 就算不看也要把电视打开

☐ 80. 小指指甲特别长

二、同样，这份调查问卷中还包含一个问题—“女人，你最喜欢男人拥有哪些特征？”以下 80 条，是从 500 份调查问卷中选出的较有代表性的答案。我们认为，如果你是单身男人，只要中了其中 5 条，找不到女朋友就不正常；如果你已经有了

对象，只要中了其中5条，你对象不爱你就不正常。来，试试看你占了几条：

☐ 1. 爱干净

☐ 2. 精通红酒

☐ 3. 会跳舞

☐ 4. 爱打网球

☐ 5. 做得一手好菜

☐ 6. 长得帅

☐ 7. 很爽快

☐ 8. 有理想

☐ 9. 意志坚定

☐ 10. 暖心

☐ 11. 自信

☐ 12. 崇尚极简主义

☐ 13. 肌肉男

☐ 14. 美食家

☐ 15. 行为艺术家

☐ 16. 温柔体贴

☐ 17. 年薪百万

☐ 18. 孝敬老人

☐ 19. 收纳达人

☐ 20. 会卖萌

☐ 21. 有络腮胡

□ 22. 完美主义者

□ 23. 有才

□ 24. 有财

□ 25. 有权

□ 26. 主动戴套

□ 27. 情商高

□ 28. 声音好听

□ 29. 经常夸赞女友或妻子

□ 30. 每天都对爱人说“我爱你”

□ 31. 脾气好

□ 32. 有深度爱好

□ 33. 不干涉爱人的生活

□ 34. 不爱炫耀

□ 35. 人际关系好

□ 36. 有适度的野心

□ 37. 对别人不苛刻

□ 38. 经得起挫折

□ 39. 没有债务

□ 40. 有上进心

□ 41. 有一门 50 年不过气的手艺

□ 42. 牙齿特别白

□ 43. 妻子、孩子随叫随到

□ 44. 换轮胎速度特别快

□ 45. 经常反省自己

☐ 46. 工作时特别专注

☐ 47. 周末总是用来陪家人

☐ 48. 活力四射

☐ 49. 开心果

☐ 50. 学霸

☐ 51. 睿智

☐ 52. 身材好

☐ 53. 学历高

☐ 54. 海归

☐ 55. 潮男

☐ 56. 极限运动爱好者

☐ 57. 对感情专一

☐ 58. 绅士

☐ 59. 不近视

☐ 60. 能逗爱人笑

☐ 61. 能陪爱人吃好吃的

☐ 62. 能帮爱人去超市买卫生巾

☐ 63. 从不说爱人胖

☐ 64. 坐早班机从不叫醒爱人

☐ 65. 会早起给爱人准备早餐

☐ 66. 认为只要有爱人在的地方就是家

☐ 67. 富二代

☐ 68. 健身教练

☐ 69. 不撒谎

□ 70. 会说一口地道的英语

□ 71. 没有节日制造节日也要过

□ 72. 没病，身体健康

□ 73. 唱歌好听

□ 74. 不管多忙都会参加孩子的家长会

□ 75. 出门前总是给爱人一个拥抱

□ 76. 每年至少送爱人三次花

□ 77. 不爱看电视

□ 78. 经常做饭给你吃

□ 79. 从不缺席爱人和孩子的生日

【女人请做此题】

一、当然，我们也做了一份专供男性填写的调查问卷——“男人，你最讨厌女人拥有哪些特征？”以下80条，是从500份调查问卷中选出的较有代表性的答案。我们认为，如果你是单身女人，只要中了其中5条，找不到男朋友就很正常；如果你已经有了对象，只要中了其中5条，你对象就极有可能已经很厌恶你了。来，试试看，你占了几条：

□ 1. 爱贪小便宜

□ 2. 皮肤太黑

□ 3. 有洁癖

□ 4. 爱穿皮裤

□ 5. 口臭

□ 6. 大龄文艺女青年

□ 7. 跟爱人的母亲吵过架

□ 8. 酒量特别大

□ 9. 有很夸张的文身

□ 10. 爱说脏话

□ 11. 说话特别损人

□ 12. 得理不饶人

□ 13. 从不道歉

□ 14. 不爱学习，不读书

☐ 15. 懒

☐ 16. 上不得厅堂

☐ 17. 下不得厨房

☐ 18. 长得丑

☐ 19. 不会挣钱

☐ 20. 太强势

☐ 21. 把孩子扔给老人带

☐ 22. 买买买

☐ 23. 浓妆艳抹

☐ 24. 不生孩子

☐ 25. 不给孩子喂母乳

☐ 26. 不会做饭

☐ 27. 绿茶婊

☐ 28. 公共场合嗓门儿大

☐ 29. 没文化

☐ 30. 穿衣服露腋毛

☐ 31. 狐臭

☐ 32. 端架子

☐ 33. 平胸

☐ 34. 骚里骚气

☐ 35. 满脸痘痘

☐ 36. 在爱人面前说其他男人好

☐ 37. 喝啤酒时跟男人划拳

☐ 38. 大半夜跟男人出去撸串儿

- □ 39. 总哭
- □ 40. 放低自己讨好别人
- □ 41. 疯狂追星
- □ 42. 一身肥肉
- □ 43. 爱慕虚荣
- □ 44. 爱跳广场舞
- □ 45. 月光族
- □ 46. 爱买廉价山寨货
- □ 47. 土
- □ 48. 搞过婚外恋
- □ 49. 封建迷信
- □ 50. 凉鞋配肉色短丝袜
- □ 51. 寸头
- □ 52. 爱抱怨
- □ 53. 虐待小动物
- □ 54. 工作狂
- □ 55. 嚼口香糖时吐泡泡（当泡泡糖吃）
- □ 56. 吃饭吧唧嘴
- □ 57. 每天问爱人“我穿哪件衣服好看”
- □ 58. 每天问爱人“我扎头发好看还是披头发好看”
- □ 59. 每天问爱人“你爱不爱我？如果爱，有多爱？”
- □ 60. 喜欢在墙上贴励志标语
- □ 61. 唱歌跑调
- □ 62. 麦霸

□ 63. 玻璃心

□ 64. 喷廉价香水

□ 65. 减肥狂魔

□ 66. 总盯着爱人的缺点不放

□ 67. 跟爱人吃饭喜欢带闺蜜

□ 68. 没内涵

□ 69. 不会化妆

□ 70. 对自己的颜值过分自信

□ 71. 吵架必须赢

□ 72. 心情不好就不让男人睡觉

□ 73. 重男轻女

□ 74. 在外不给爱人留面子

□ 75. 喜欢背后嚼舌根

□ 76. 怨妇

□ 77. 莫名其妙的优越感

□ 78. 有恋父情结

□ 79. 胸部下垂

□ 80. 穿睡衣出门

二、同样，这份调查问卷中也包含另一个问题——“男人，你最喜欢女人拥有哪些特征？”以下 80 条，是从 500 份调查问卷中选出的较有代表性的答案。我们认为，如果你是单身女人，只要中了其中 5 条，找不到男朋友就不正常；如果你已经有了对象，只要中了其中 5 条，你对象不爱你就不正常。来，试试看，你占了几条：

☐ 1. 年轻，或者显年轻

☐ 2. 头发干净，发型漂亮

☐ 3. 坚持自己的梦想

☐ 4. 经常旅行

☐ 5. 大学生

☐ 6. 素食主义者

☐ 7. 长得好看

☐ 8. 身材好

☐ 9. 富婆或富二代

☐ 10. 每天晚上给爱人按摩

☐ 11. 班花或校花

☐ 12. 特别孝顺爱人的母亲

☐ 13. 早睡早起，生活很有规律

☐ 14. 有才华

☐ 15. 优雅

☐ 16. 会卖萌

☐ 17. 会撒娇

☐ 18. 有时很性感

☐ 19. 是爱人坚实的后盾

☐ 20. 跟爱人有相同的信仰

☐ 21. 古灵精怪

☐ 22. 冰雪聪明

- [ ] 23. 从不抱怨
- [ ] 24. 爱读书、爱学习
- [ ] 25. 有很酷的一面，如会开摩托
- [ ] 26. 爱人需要时总在他身边
- [ ] 27. 不挑三拣四
- [ ] 28. 温柔体贴
- [ ] 29. 心胸宽广
- [ ] 30. 小鸟依人
- [ ] 31. 运动达人，最好有马甲线和翘臀
- [ ] 32. 轻熟女
- [ ] 33. 御姐范儿
- [ ] 34. 爱冒险
- [ ] 35. 做饭好吃
- [ ] 36. 大气
- [ ] 37. 沉得住气，宠辱不惊
- [ ] 38. 名门之后，大家闺秀
- [ ] 39. 书香世家
- [ ] 40. 官二代
- [ ] 41. 很会相夫教子
- [ ] 42. 有冒险精神
- [ ] 43. 在外人面前给足爱人面子
- [ ] 44. 行为举止很得体
- [ ] 45. 有收入，经济独立
- [ ] 46. 很会安慰人

□ 47. 做爱时很主动

□ 48. 跟爱人有一两个共同爱好

□ 49. 能参与爱人的兴趣爱好，如能跟他一起看足球、骑自行车

□ 50. 有一门拿得出手的才艺

□ 51. 有内涵，总有男人窥不见底的一面

□ 52. 懂得欣赏并赞美男人的优点

□ 53. 帮助爱人挖掘潜力

□ 54. 以幽默的方式指出爱人的缺点

□ 55. 跟爱人目标一致

□ 56. 跟爱人目标转变的节奏一致

□ 57. 外柔内刚

□ 58. 知性

□ 59. 爱笑

□ 60. 有点小脾气

□ 61. 小清新

□ 62. 很傻很天真

□ 63. 偶尔上演制服诱惑

□ 64. 偶尔吃点小醋

□ 65. 淡淡的体香

□ 66. 会在爱人面前穿情趣内衣

□ 67. 驾驭得了高跟鞋

□ 68. 好闻的香水味

□ 69. 坚持陪孩子阅读

□ 70. 从不泼男人冷水

□ 71. 从不打孩子

□ 72. 极少吼孩子

□ 73. 有良好的人际关系

□ 74. 很有爱心，经常帮助陌生人

□ 75. 有一技之长

□ 76. 知世故而不世故

□ 77. 对未来充满信心

这本书价值68元，

至此，你仅消费了6元。

这一页之前的内容全部是2018年3月21日之前定稿的，后面这一部分关于爱不爱自己，老朱在反复求证，所以迟迟没有定稿。经过漫长的苦苦思考、犹豫、纠结后，于2019年3月12日，老朱终于给出了一个最终的答案。这部分也许看起来与前面的表述风格略有差异，希望大家理解，爱上自己！

第三章

那么，我爱自己吗？

【阅前测试】

男读者请回答

你是个男人，今年____岁（A），

你父亲今年____岁（B），

从现在开始，正常情况下，

______（B–A）年之后，你将会成为一个这样的人：

你将会成为一个和你父亲一模一样的人。

你将会拥有：

和你父亲一样的社会地位；

和你父亲一样的家庭地位；

和你父亲一样的经济能力；

和你父亲一样的专业能力；

和你父亲一样的兴趣爱好；

和你父亲一样的业余生活；

和你父亲一样的健康状况；

和你父亲一样的精神状况；

和你父亲一样的说话方式；

和你父亲一样的打扮方式；

和你父亲一样的脾气；

和你父亲一样的体形；

和你父亲一样的神态；

和你父亲一样的表情。

你将会用和你父亲一样的方式跟人交往，处一帮和你父亲一样水准的朋友；

你将会用和你父亲一样的方式对待女人，找一个跟你母亲一样的配偶；

你将会用和你父亲一样的方式教育孩子，教育出一个和今天的你一模一样的孩子。

男读者请回答：你对你父亲满意吗？

请仔细阅读每一条，然后根据你当下的实际感受，对下面的 18 个条目按“□特别满意 □比较满意 □不满意 □极不满意”四个等级评分。

1. 对于父亲的社会地位，我：

□特别满意 □比较满意 □不满意 □极不满意

2. 对于父亲的家庭地位，我：

□特别满意 □比较满意 □不满意 □极不满意

3. 对于父亲的经济能力，我：

□特别满意 □比较满意 □不满意 □极不满意

4. 对于父亲的工作能力，我：

□特别满意 □比较满意 □不满意 □极不满意

5. 对于父亲的兴趣爱好，我：

□特别满意 □比较满意 □不满意 □极不满意

6. 对于父亲的业余生活，我：

□特别满意 □比较满意 □不满意 □极不满意

7. 对于父亲的健康状况，我：

□特别满意 □比较满意 □不满意 □极不满意

8. 对于父亲的精神状况，我：

□特别满意 □比较满意 □不满意 □极不满意

9. 对于父亲的说话方式，我：

□特别满意 □比较满意 □不满意 □极不满意

10. 对于父亲的打扮方式，我：

□特别满意　□比较满意　□不满意　□极不满意

11. 对于父亲的脾气，我：

□特别满意　□比较满意　□不满意　□极不满意

12. 对于父亲的体形，我：

□特别满意　□比较满意　□不满意　□极不满意

13. 对于父亲的神态，我：

□特别满意　□比较满意　□不满意　□极不满意

14. 对于父亲的表情，我：

□特别满意　□比较满意　□不满意　□极不满意

15. 对于父亲人际交往的方式，我：

□特别满意　□比较满意　□不满意　□极不满意

16. 对于父亲对待女人的方式，我：

□特别满意　□比较满意　□不满意　□极不满意

17. 对于父亲教育孩子的方式，我：

□特别满意　□比较满意　□不满意　□极不满意

18. 对于父亲教育出的孩子的现状，我：

□特别满意　□比较满意　□不满意　□极不满意

一、计分方式：□特别满意 3 分；□比较满意 2 分；□不满意 1 分　□极不满意 0 分。

二、统计结果：总分（18 个项目所得分之和）：__________

结果说明：分值越低，你越不满意你的父亲。0—10 分为重度不满；11—25 分为中度不满；26—39 分为轻度不满；40—49 分为比较满意；50—54 分为非常满意。

三、自我判断：你父亲今年________岁，你愿意等你长到你父亲这个岁数的时候，变成和他一模一样的人吗？

□愿意　　　　　　□不愿意

四、不愿意的话，请简单思考一下，你打算怎么改变？请将你想做的改变写在下面。

女读者请回答

你是个女人，今年____岁（A），

你母亲今年____岁（B），

从现在开始，正常情况下，

______（B–A）年之后，你将会成为一个这样的人：

你将会成为一个和你母亲一模一样的人。

你将会拥有：

和你母亲一样的社会地位；

和你母亲一样的家庭地位；

和你母亲一样的经济能力；

和你母亲一样的专业能力；

和你母亲一样的兴趣爱好；

和你母亲一样的业余生活；

和你母亲一样的健康状况；

和你母亲一样的精神状况；

和你母亲一样的说话方式；

和你母亲一样的打扮方式；

和你母亲一样的脾气；

和你母亲一样的体形；

和你母亲一样的神态；

和你母亲一样的表情。

你将会用和你母亲一样的方式与人交往，处一帮和你母亲一样的朋友；

你将会用和你母亲一样的方式对待男人，找一个跟你父亲一样的配偶；

你将会用和你母亲一样的方式教育孩子，教育出一个和今天的你一模一样的孩子。

女读者请回答：你对你母亲满意吗？

请仔细阅读每一条，然后根据你当下的实际感受，对下面的 18 个条目按“□特别满意 □比较满意 □不满意 □极不满意”四个等级评分。

1. 对于母亲的社会地位，我：

□特别满意　□比较满意　□不满意　□极不满意

2. 对于母亲的家庭地位，我：

□特别满意　□比较满意　□不满意　□极不满意

3. 对于母亲的经济能力，我：

□特别满意　□比较满意　□不满意　□极不满意

4. 对于母亲的专业能力，我：

□特别满意　□比较满意　□不满意　□极不满意

5. 对于母亲的兴趣爱好，我：

□特别满意　□比较满意　□不满意　□极不满意

6. 对于母亲的业余生活，我：

□特别满意　□比较满意　□不满意　□极不满意

7. 对于母亲的健康状况，我：

□特别满意　□比较满意　□不满意　□极不满意

8. 对于母亲的精神状况，我：

□特别满意　□比较满意　□不满意　□极不满意

9. 对于母亲的说话方式，我：

□特别满意　□比较满意　□不满意　□极不满意

10. 对于母亲的打扮方式，我：

□特别满意　□比较满意　□不满意　□极不满意

11. 对于母亲的脾气，我：

□特别满意　□比较满意　□不满意　□极不满意

12. 对于母亲的体形，我：

□特别满意　□比较满意　□不满意　□极不满意

13. 对于母亲的神态，我：

□特别满意　□比较满意　□不满意　□极不满意

14. 对于母亲的表情，我：

□特别满意　□比较满意　□不满意　□极不满意

15. 对于母亲的人际交往方式，我：

□特别满意　□比较满意　□不满意　□极不满意

16. 对于母亲对待男人的方式，我：

□特别满意　□比较满意　□不满意　□极不满意

17. 对于母亲教育孩子的方式，我：

□特别满意　□比较满意　□不满意　□极不满意

18. 对于母亲教育出的孩子的状况，我：

□特别满意　□比较满意　□不满意　□极不满意

一、计分方式：□特别满意 3 分；□比较满意 2 分；□不满意 1 分 □极不满意 0 分。

二、统计结果：总分（18 个项目所得分之和）：__________

结果说明：分值越低，你越不满意你的母亲。0—10 分为重度不满；11—25 分为中度不满；26—39 分为轻度不满；40—49 分为比较满意；50—54 分为非常满意。

三、自我判断：你母亲今年__________岁，你愿意等你长到你母亲这个岁数的时候，变成和她一模一样的人吗？

□愿意　　　　　　□不愿意

四、不愿意的话，请简单思考一下，你打算怎么改变？请将你想做的改变写在下面。

以下18件事，你只要做了任何一件，
就说明你根本不爱自己。

1. 你一定不会每天抽很多烟对吗？

□对　　　　□对　　　　□对

你一定知道抽烟有害身体健康，可为什么还要抽很多烟呢？一定是因为不爱自己。试想一下，如果你有一个10岁的儿子，他每天抽很多烟，你会同意吗？既然你不同意儿子每天抽烟，为什么能允许自己这么做？

2. 你一定不会喝很多酒对吗？

□对　　　　□对　　　　□对

你一定知道喝很多酒对身体不好，可为什么还要喝呢？试想一下，如果你有一个10岁的儿子，他每天喝很多酒，你会允许吗？既然你不允许儿子这么做，为什么就能允许自己这么做呢？

3. 你一定不会跟不爱的人在一起对吧？

□对　　　　□对　　　　□对

你一定知道跟不爱的人在一起生活有多痛苦，你们会相互看不顺眼，会经常吵架、打架，你会经常哭甚至自残。设想一下，如果你有一个女儿，她今年22岁，跟一个不爱她的男人在一起，那个男人完全不关心她、不理解她，甚至每天伤害她，你会允许吗？既然你不允许自己女儿这样，为什么能忍受自己过这样的生活呢？

4. 你一定不会经常熬夜对吧？

□对　　　　□对　　　　□对

谁都知道熬夜对身体不好。假设你有一个 10 岁的孩子，他每天熬夜，凌晨两三点才睡，你会不会担心他身体垮掉，会不会担心他学业垮掉，会不会担心他的精神垮掉？既然你的孩子经常熬夜你很担心，你自己熬夜怎么不担心呢？

5. 你一定不会经常对小孩发脾气对吧？

□对　　□对　　□对

经常对小孩发脾气的后果是什么？第一，他 / 她会特别压抑，因为无处释放；第二，他 / 她会特别暴戾，因为会跟你一样；第三，等你老了，就得走着瞧，你曾经对他 / 她做的一切都会加倍奉还到你身上。你愿意忍受这样的后果吗？既然你不愿意老了被孩子欺负，既然你不愿意孩子出去惹祸你给他 / 她擦屁股，那为什么要经常对孩子发脾气呢？

6. 你绝对不会乱开车、不会“路怒”对吗？

□对　　□对　　□对

就算你不会开车，也一定知道乱开车和“路怒”的后果。要么车被撞坏，要么人被打伤。试想一下，如果你有一个儿子，他今年刚满 18 岁，拿到了驾照，但他每天开车都火急火燎，总是跟人发生摩擦，你会不会很害怕？他那么年轻，还有那么多年华，千万不要因为一场事故就葬送了自己呀。既然你不允许儿子乱开车、不允许他“路怒”，怎么就能允许自己那么干呢？

7. 你一定不会跟陌生人吵架对吗？

□对　　　　□对　　　　□对

陌生人，就是你不认识、不了解的人。跟陌生人吵架？真胆儿大，你怎么就确定那个被你骂的人不会拿出一把西瓜刀，或给你一榔头砸头上呢？试想一下，如果你有一个孩子，正处于青春期，火气很大，总是出去跟人吵架，你会不会担惊受怕？既然你孩子那么做你会害怕，你自己怎么就敢那么做呢？

8. 你一定不会出轨对吧？

□对　　　　□对　　　　□对

出轨的代价是什么？得艾滋病、被小三讹诈、被正室打、被孩子恨……哪一样是你能够承受的？试想一下，如果你有一个儿子，他原本有着美好的家庭，却一时迷糊出去乱来，结果搞得人财两空、妻离子散，你一定会非常痛惜吧？既然你儿子这么做你感到痛惜，那么你自己呢？

9. 你一定不会经常赌博吧？

□对　　　　□对　　　　□对

十赌九骗，赌博不仅会让人输掉财产，最重要的是将耗费大把时间。世间唯一公平的就是时间，你连自己的时间都不珍惜，你真的确信你爱自己吗？试想一下，如果你有一个孩子，今年 20 岁，本来应该策马扬鞭、奋起直追的年纪，却每天在赌桌上度过，你会恨铁不成钢吗？你儿子那么做你恨得牙痒痒，你怎么就能对自己如此宽容呢？

10. 你一定不会贪污对吧？

□对　　　　□对　　　　□对

贪污的结果当然是被抓起来。如果你有一个孩子，他在机关单位工作，每天都有人给他送吃送喝，每天都有人跟在他屁股后面陪嫖看赌，你是会觉得很有面子、倍儿骄傲，还是会担心得睡不着觉？你孩子贪污你会担心得睡不着觉，自己贪污也一定睡不着觉吧？

11. 你一定不会上街砸日本车对吧？

□对　　　　□对　　　　□对

你以为这是爱国吗？这是在扰乱社会治安，是在侵犯别人的财产，是在蔑视自己的生命，是在公然地展示自己的愚蠢。试问，如果你有一个儿子，他今年16岁，花季雨季的年龄，不在学校里读书、交友、锻炼，却跑出去参加暴力运动，你会不会立刻冲上街把他揪回来？既然你儿子这么做你要制止，怎么就不能制止自己呢？

12. 你一定不会经常压抑自己的情绪去讨好别人吧？

□对　　　　□对　　　　□对

长期压抑情绪、一味迎合讨好别人的人，首先可能会憋出病来，生理疾病和心理疾病都可能会有；再者可能会适得其反，“轻贱，轻贱”，一个把自己搞得很下贱的人反而会被别人所轻视。何必呢？人活一生不容易。假设你有个女儿，你把她视为掌上明珠，含辛茹苦地养大，结果她每天都活得小心翼翼，在家看丈夫脸色，在公司看同事脸色，在外面看朋友脸色，你是不是很心痛，你是不是特想对她说："做你自己，走自己的路，让其他人都滚蛋吧！"

13. 你一定不会过度加班对吧？

□对　　　　□对　　　　□对

过度加班，完全没有自己的时间，没有家庭生活，不能旅游，不能健身，不能按时吃饭，不能准点睡觉，长此以往，你的身体和精神都会垮掉。如果你有爱人和孩子，你的家庭也一定会是冷冰冰的，孩子享受不到你的陪伴，爱人感受不到你的温暖。你奋斗的意义何在？试问，如果你有一个儿子，他每天把全部时间都耗在工作上，完全不能陪伴爱人、教育孩子，因此你儿媳妇要跟他离婚，你孙子变成了"问题儿童"，你一定感到痛心疾首吧，可你自己现在就在做让人痛心疾首的事呀！

14. 你一定不会不运动、不锻炼身体吧？

□对　　　　□对　　　　□对

你爱自己，又怎会不好好照顾自己的身体呢？你一定会经常运动，以免年纪轻轻就一身毛病吧？试问，假设你有一个儿子，他每天在电脑前坐 10 个小时，从不锻炼。他还不到 30 岁，已经有了小肚子，得了腰椎间盘突出，高度近视，驼背。他一个大男人却手无缚鸡之力，在大街上被误伤都没有还手的能力，你一定恨不得每天把他赶到楼下去跑五公里！既然你儿子这样你看不惯，怎么就能容忍自己这样呢？

15. 你一定不会撒谎对吧？

□对　　　□对　　　□对

一个谎言需要 100 个谎言去圆；父母撒谎，孩子全部都会学了去，将来你就会被孩子骗得团团转。你愿意活得那么累吗？如果你愿意，试想一下，如果你有一个孩子，他 / 她每天对你撒谎，满嘴胡言，他 / 她气你倒是小事，你一定会担心他 / 她将来在社会上完全不讲诚信，你会担心他 / 她找不到工作、处不到对象、交不到朋友，甚至经常被别人揍对吧？如果你担心孩子撒谎混得不好，那你自己呢？

16. 你一定不会特别热衷于秀自己对吧？

□对　　　□对　　　□对

吃饭也要秀、看电影也要秀、逛街也要秀、喝咖啡也要秀、看书也要秀……请问你还有时间专注于享受美食、电影、逛街、咖啡、书本吗？你做这一切都是为了让别人看见，让人点赞，你看书、听音乐、旅行都不是为了取悦自己、填充自己，请问，你怎么进步呢？试问，假设你有一个女儿，每天都在朋友圈里分享她全部的生活，化妆、做指甲、烫头发、喝奶茶、买新鞋……你会不会觉得她的时间都被拍照、P 图、回复别人的留言给浪费了呢？你会不会觉得她内心其实特别空虚，一直在朋友圈里表演找存在感呢？

17. 你一定不会不学习对吧？

□对　　　　□对　　　　□对

不学习的后果就是被时代淘汰、被伴侣嫌弃、被后代鄙视。如果你有一个儿子，今年 16 岁，读高一，成绩一般，但整天一副扬扬得意的样子，拒绝学习，拒绝进步，你会不会特别看不顺眼？如果你儿子拒绝进步你看不顺眼，那怎么就能看自己顺眼呢？

18. 你一定不会过分孝顺对吧？

□对　　　　□对　　　　□对

过分孝顺，即所谓的“愚孝”，因为想报答父母的养育之恩，或者因为小时候父母对你的过度操控，你变得非常听父母的话，甚至你的婚姻、你的工作、你的财产、你的志趣全部都被父母安排好了，你变得完全没有自我，这恰恰不是“孝”，而是一种盲目的“顺从”。因为一个完全没有自我的人，才会对别人百依百顺。试问，假设你有一个儿子，他已经 35 岁了，他的全部生活都需要你打理，你说东他不敢往西，你是会感到开心还是会很焦虑呢？

既然你非常爱自己，那么以上 18 条，你都不会全部做对吧？可是，在我们身边，恰恰有一些人，就是上面 18 种病症的典型患者。从别人身上看毛病，往往看得更清晰。来，理一理，我们身边的人，有哪些是非常不爱自己的：

对对对！

我认识的________就是一个每天抽很多烟、特别不爱自己的人；

我认识的________就是一个经常喝很多酒、非常不爱自己的人；

我认识的________就是一个跟他不爱的人一起生活、他自己也不爱自己的人；

我认识的________就是一个经常熬夜、根本不爱自己的人；

我认识的________就是一个经常吼小孩、根本不爱自己的人；

我认识的________就是一个经常乱开车、根本不爱自己的人；

我认识的________就是一个爱跟陌生人吵架、完全不爱自己的人；

我认识的________就是一个出轨嫖娼包二奶、完全不爱自己的人；

我认识的________就是一个经常赌博、完全不爱自己的人；

我认识的________就是一个经常贪污受贿、完全不爱自己的人；

我认识的________就是一个会上街去砸日本车、毫不爱自己的人；

我认识的________就是一个经常讨好别人却不会讨好自己的人；

我认识的________就是一个经常过度加班、完全不爱自己的人；

我认识的________就是一个从不锻炼身体、完全不爱自己的人；

我认识的________就是一个经常撒谎、根本不爱自己的人；

我认识的________就是一个特别热衷于秀自己、根本不爱自己的人；

我认识的________就是一个不学习不求上进、根本不爱自己的人；

我认识的________就是一个过分孝顺、过分遵从父母而不遵从自己的人。

【他们，为什么不爱自己呢？】

因为他们从来没被人爱过，他们根本无法想象，也无法体会被人爱是一种什么样的感受。

多少年来，我们的父母，可能会疼孩子、可能会溺爱孩子、可能会纵容孩子、可能会夸孩子、可能会管孩子，但他们从来不会爱孩子。

而大多数时候，我们的父母，却在抛弃孩子、寄养孩子、批评孩子、羞辱孩子、鄙视孩子、笑话孩子、嫌弃孩子、打骂孩子……因为我们从小在这样的环境下长大，我们内心对自我的评价就会特别差，一个自我评价特别差的人又怎么会爱自己呢？

正如，我们的父母经常说："我一把屎一把尿把你拉扯大容易吗？"说这句话的时候，大人其实是在演苦肉计，他们会自我感动，自我同情；而听这句话的时候，孩子则会自我贬低、自我判刑，他们会认为自己是包袱、是累赘。

试问，谁会去爱一个包袱、一个累赘呢？包括那个孩子自己，都提不起那份勇气。

爱，是为了对方好而心甘情愿地付出。

1. 爱是为了对方

爱的目的，不是回报自己，而是全然为了你爱的对象，除非你爱的对象恰恰是自己，当然这也非常值得鼓励。

2. 爱是为了对方好

为对方好，是让对方变得更优秀，而不是更厉害。厉害，是一个社会评价体系，指跟别人比，比别人有本事，比别人赚钱多，比别人力气大……而优秀是一个自我评价体系，指跟自己比，比昨天的自己更好，比过去的自己更快乐、更健康、更富足、更进步……优秀，优而能秀，优秀终将走向厉害，厉害却不一定走向优秀。

3. 爱是为了对方好而心甘情愿

心甘情愿，不是奉献，奉和献是矮化自己，像奴仆一样跪下来毕恭毕敬地呈上。在爱的人面前，你无须跪着，也无须自我矮化。

心甘情愿，也不是牺牲，牺牲是死掉了、是痛苦的、是容忍的、是委曲求全的，而心甘情愿是快乐的、是满足的、是温暖的、是喜悦的。

心甘情愿也不是责任、不是义务、不是规则、不是制度……没有人要求你这么做，你不这么做既不会受到法律的惩罚，也不会受到道德的谴责。心甘情愿，是你不做并不会损失什么、做了也不会得到什么，你仍然义无反顾地要做，而且力求做得更深一些、更久一些。爱不是一句口号，它必须有所行动、有所付出。然而，你能付出什么——时间？没完没了的耐心？永远自律？永不消亡的勇气？永远好脾气？……你能付出什么？

爱，是为对方好而心甘情愿地付出。

那么，爱自己，就是为了那个叫__________的人好，而心甘情愿地付出。

第一节　找到我自己

一、拷问你自己

我真的爱自己吗？

如果我爱自己，我一直爱惜自己的生命吗？

我努力维护自己的尊严吗？

我坦诚面对自己的痛苦吗？

我坚持实现自己的梦想吗？

如果没有，我怎么证明自己爱自己呢？

也许，以下10件事，我愿意选择至少一件为自己做。我愿意，从即日起，坚持不懈地做，日日做、月月做、年年做，就能证明我爱自己。

1. 我非常珍惜自己的生命。即日起，我将不在任何场合与陌生人发生冲突，我将不跟人吵架、打架，遇到任何不安全的情况我都将以保护自己的生命为首要任务。

2. 我非常在意自己的尊严。即日起，我将极力不做容易让人反感、事后自己也觉得恶心的事，如在飞机上打牌、在电影院嗑瓜子。即日起，我将极力维护自己的尊严，努力不被爱人批评、不被孩子批评、不被领导批评、不被清洁工批评、不被同航班的乘客批评、不被电影院的观众批评。

3. 我尤其在意自己的感受。即日起，我保证，每当我痛苦的时候，我绝不掩饰自己的痛苦；每当我恐惧的时候，我绝不压抑自己的恐惧；每当我愤怒的时候，我绝不排挤我的愤怒。即日起，我将感受我的每一个情绪，拥抱我的每一个情绪，安抚并照料我的每一个情绪。

4. 我无比清楚自己的梦想。我很清醒地知道，这辈子活在这个世上，我要完成的使命是什么，我的梦想是什么。即日起，我保证，未来我做的每一件事，都将与我的终生梦想有关，我绝不再偏离我的梦想一步。

5. 我尤其珍惜自己的时间。我保证，从即日起，未来的每一天，我都将在喜悦中度过。每一天都是唯一的一天，每一天都是值得纪念的一天，我将珍惜自己的时间，将所有的时间都用于做最想做和最需要做的事情。我将不会有任何一天，在浑浑噩噩中度过。

6. 我特别珍惜自己的形象。无论我健康与否，无论我是否有手、有脚，我都应该感谢我的身体，并将它呈现出最美的形态。我将利用现在的身体，来使我更加熟练、灵活、自如地应对一切，我将不给这副躯体添加任何脏的东西，我将保持它的清洁、锻造它的力量、维持它的体面。

7. 我无比珍视自己的爱情。即日起，我保证，将像爱我的亲生孩子一样去爱我的伴侣，我将关心他、了解他、理解他、呵护他，绝不在情感上、肉体上背叛他。如果他背叛了我，他不再爱我，我也将勇敢地与他分手。

8. 我极其重视自己的荣誉。即日起，我保证，我将不撒一句谎，我将不轻易地给予他人承诺，我将竭尽全力做到我所承诺过的一切，包括晚上回家吃饭这样的小事，我都要说到做到。

9. 任何时候，我绝不做伤害自己的事。即日起，我将戒烟、戒酒、戒赌、戒嫖；空气质量差的时候，我出门一定会戴口罩；

我每天12点之前必须上床睡觉；我绝不饿着肚子加班；我绝不以牺牲健康为代价换取工作的酬劳。

10. 我特别愿意放过自己。过去，我是个不好的人，我是个糟糕的人，我是个不会爱自己的人，但是我并不会因此自责。我的过去是由无数个过去的过去所决定的，不是我决定的，我无须为此埋单。可我的未来，是由未来的过去，也就是我的现在决定的。因此，在我放下过去的自己后，我将竭尽全力兑现今日的所有承诺，最重要的是，我将充满享受地去兑现它们，因为现在，我已经有了一种乐在其中的感觉。

你的选择是______________

第二节　爱上自己的11个步骤

读完前两章，我相信你一定特别难受，自己并不爱伴侣，也不爱孩子。这一部分肯定只要看标题，不用测试就知道，自己也不爱自己。

其实，“爱不爱自己”才是这本书的重点，一个人只有先爱自己，才能去爱自己的伴侣、自己的孩子，才有可能爱与自己有关的一切。你不妨想象一下，一个根本不爱自己的人告诉你，他很爱你，你真的会相信吗？一个连自己都照顾不好的人，向你保证以后会照顾好你，打死你都不会相信的，对吧？

我们不爱自己，并不是自己的错。

我们从来就不属于自己：

我们属于父母——××的孩子；

我们属于爱人——××的丈夫/妻子；

我们属于孩子——××的家长；

我们属于学校——××学校的学生；

我们属于公司——××单位的员工/老板；

……

我们一直为别人而活，在大部分中国人眼中，重要的人生顺序是这样排序的：

第一是父母；

第二是孩子；

第三是伴侣；

第四是同事领导；

第五是朋友亲戚；

最后才是自己。

很明显，在这样的环境中长大的人，都会有很强的低价值感及低自尊感。

所谓低价值感，是指一个人始终认为自己比别人差，比别人没用。他在生活中的表现是对外人特别好，甚至到了溜须拍马的地步，而对自己及与自己相关的人和事特别差。他的目的是博得别人的同情及怜悯。一旦别人没有表现出他预期中的反应，他就会暴跳如雷、歇斯底里、无比委屈。

所以，大部分人都不会在意自己的幸福，自己的健康，自己的情绪。我们从事着自己说不上喜欢的工作；与一个自己不爱的人结婚，有了孩子后又“牺牲”自己……整个一生都在被动地逢场作戏，从来没有喜欢过，更没有投入过。

我们从来没有认真地问过自己：这真的是我想要的生活吗？难道我就要这样过完一生吗？我真的对我的现状满意吗？成为和父母一模一样的人就是我逃不过的宿命吗？

抱歉，如果没有经过强有力的干预，成为和父母一样的人是我们每一个人的宿命，在心理学中被称为“强制欲望”（详情参阅朱亚《心理学常识》）。

我知道，现在你可能更难受了。

别伤心，来，开始第一步。

第一步，放松心情。

人真的可以爱上自己，彻底改变自己，让自己变得优秀吗？从逻辑上说，是可以的。只是很多人并不相信，就像很多人说："道理听过很多，却依然过不好这一生。"我以前也不太相信，直到这本书到了你的手上，直到这一部分被你翻开，这一切就有了答案。

首先，恭喜你。因为你是一个生命觉醒的人！你可能已经发现了，你身边的人都不爱自己。你的判断非常准确，在这个国家，至少有 97% 的人都是不爱自己的，并且还对自己没有什么不满，非常麻木。而你与他们不同，你对自己并不满意，似乎觉得哪里不对劲，所以你才买了这本书。换句话说，你已经超过了目前绝大部分的人，一点不夸张。

所以，我们由衷地为你感到自豪！你很快就能爱自己，很快就能帮助自己成为一个优秀的人。

为什么这么说呢？因为心理学上有一个"三不救"原则，这个原则同样适用于医疗行业。这个"三不救"原则是：

1. 不求者不救；

2. 不听者不救；

3. 不动者不救。

比如一个人肚子痛，如果他认为自己没有生病，认为肚子痛只是自己的一个习惯，那么他是不可能去医院就医的。同样，医生对他说的话，他肯定也会充耳不闻，并且骂医生骗他钱。那么，医生让他做的康复行动在他看来也是没有必要的。这样一来，这个人既没有解决肚子痛的问题，更对医生怀恨在心，而且还浪费了自己和医生的时间——患者可以用这些时间去做其他的事；医生可以利用这些时间去救助需要帮助的人。

所以，如果你觉得自己不爱自己，并且承认这是一种病，那么接下来的工作就容易多了。只要了解相关原理，配合医生的治疗建议就能很快治愈自己。相反，如果你不认为自己有病，那么谁也帮不了你。显然，你认为自己是有问题的，所以解决它就变得非常容易了。

所谓“自救者天救，自助者天助”。意思是说，如果你愿意救自己，老天爷都会救你；如果你愿意帮助自己，老天爷都会帮助你。来，我们看一个关于自救者天救的故事。

一个城市发生了非常严重的洪灾，救援队正在积极搜索还没有及时撤离的灾民。一艘救援船的救援人员找到了一位正躲在房顶上等待救援的男子。水位还在上涨，救援队员对那位男子说：“先生，我们是来救你的，上船吧。”那男子回答说：“不，我不用你们救我，上帝会来拯救我的。”救援队员劝说道：“快上船吧，先生，再拖下去就来不及了。”那位男子还是死活不肯上船。救援队员没有办法，只能将船开走，继续寻找其他的灾民。又过了一会儿，一架直升机上的救援人员也发现了这名男子，这时候水已经漫过了他的膝盖。飞机上的救援人员对他说：“先生，快上来，我们带你离开这儿。”这位男子仍然不肯上飞机，哭着咆哮说：“不，上帝会来救我的！”直升机上的救援人员也没有办法，飞走了。最后，这位男子被洪水淹死了。死后，他的灵魂上了天堂。在那里他遇见了上帝，他非常愤怒地指责上帝为什么不在他危难的时候拯救他。这时候，上帝反问他："我派来救你的那艘船怎么样？那架直升机呢？"

你看，这就是不自救者，天不救。一个人固执到这个地步，不愿救自己，即便上帝也没有办法拯救他。

不是自夸，如果你相信的话，那么在某种意义上，这本书就是上帝来帮助你、拯救你的方式。不要害怕，也别着急，治好自己，爱上自己没有那么难。

怎么样，心情有没有好一点？接下来我们一起来讨论一下什么叫不爱自己。

第二步，明白什么叫不爱自己。

爱，是为了让被爱的一方变得更好，心甘情愿地付出一切，并且承担所有后果。而不爱，则是一种伤害——不让被爱的一方变好，等于放弃对方。

在心理学中，一个人不爱自己，就代表这个人心里有病——人都是利己的，从逻辑上讲，任何人都应该爱自己，让自己变得更好才对，所以不爱自己，就是心里有病的表现。以下是不爱自己的四个特点，如果你占其中一条，就说明你是一个不爱自己的人。

请拿出笔，在你觉得你有的条款上打“√”。

1. 持续伤害自己。

□伤害自己的前途：不愿学习，不愿进步，不愿思考，经常偷懒，致使自己无法取得事业上和学习上的成就。

□伤害自己的尊严：满口谎言，让自己都瞧不起自己。不注重自己的形象，邋遢不爱干净。公共场合大声喧哗，喝酒撒酒疯，让自己很不体面。过分讨好别人，让自己卑贱得像个宠物。

□伤害自己的身体：无节制地吸烟、酗酒，不运动，暴饮暴食，经常熬夜，让自己身体产生各式各样的问题。

□伤害自己的情绪：经常暴跳如雷，歇斯底里，或过分压抑自己的情绪。致使自己心情无法愉快，长时间活在负面情绪当中。

□伤害自己的生命：开车“路怒”、与陌生人怄气，致使自己处于有可能死亡的危险当中。

2. 伤害爱人。

□伤害爱人的身体：对爱人进行肢体暴力。

□伤害爱人的情绪：总与爱人吵架，致使爱人长时间情绪低落。

□伤害爱人的前途：怂恿、纵容爱人偷懒，导致爱人不能进步。

□伤害爱人的人格：通过打击、批评、谩骂、冷落等冷暴力手段，对爱人实施精神虐待，导致爱人变得自卑、胆小、悲观、绝望，甚至精神崩溃。

□伤害爱人的尊严：婚内出轨，让爱人瞧不起自己。

3. 伤害孩子。

□伤害孩子的前途：以娇惯、严厉管教等手段使孩子丧失学习兴趣。

□伤害孩子的身体：对孩子进行棍棒教育。

□伤害孩子的人格：对孩子进行否定、冷落、谩骂等行为，美其名曰“挫折教育”，致使人格尚未发育健全的孩子产生心理障碍。

□伤害孩子的尊严：对孩子戏谑、欺骗、嘲讽，让孩子颜面扫地，产生低自尊感。

4. 想改改不掉。

无论是伤害自己还是伤害身边的人，我们都知道自己是不对的。我们知道和爱人吵架会伤害对方，也知道吼孩子不好，知道“路怒”可能会让自己受伤。我们也十分懊悔，并做出很深刻的检讨。可下一次，依然会做出伤害自己、伤害身边人的举动。自己的承诺、保证、誓言全都变成空话，永远都是“下一次”“再也不”“这是最后一次”。因为心里有病，不爱自己，甚至讨厌自己，所以会想方设法地伤害自己、伤害与自己相关的人。

5. 自己不承认自己有问题。

熬夜是为了工作，酗酒是因为自己需要，和别人吵架是因为被人欺负，咽不下这口气，与爱人吵架是因为希望对方改正，打骂孩子是为了让他变好……总之，所有的事情都是有道理的。不承认这些行为属于伤害，更不承认自己心理不健康，不爱自己。

你爱自己吗？

觉得不爱自己也没关系，我们来看一个更不爱自己的人。

要说不爱自己、伤害自己，正在读这本书的你肯定没有46岁以前老朱的功力深。他几乎已经到了“花式作死”的程度。

过分讨好别人，哪怕自己妻子生病住院，仍然会“舍命陪君子”，去和同事、领导、客户、朋友吃饭。

经常喝得烂醉，然后以180迈的速度在城里飙车。

经常与别人吵架，甚至打架。

过度付出，非常“热心”地帮自己的兄弟姊妹及其后代买房、安排工作。

从来不打理自己的形象，洗脸、洗澡都不照镜子，几乎不买衣服，不在脸上涂抹护肤品，一两个月都不理发。

婚内出轨，交过很多女朋友，还认为自己很有魅力。

经常发脾气，与爱人吵架，吼自己孩子。

这就是他46岁前的人生，他经常“仗义疏财”被人骗钱，被人当成傻子，伤害自己的尊严；每一份工作都做不长久，不断跳槽，伤害自己的前途；和前妻吵架、离婚，导致女儿6年不理他，伤害自己的感情。

因为不爱自己，他不希望自己过得幸福，所以每当生活出现一些变好的征兆时，他总要给自己找点事，把好事变成坏事，让幸福与自己擦身而过。就像盖楼一样，每当快要竣工的时候，他都忍不住一脚将楼踢倒，让自己回到一地鸡毛的处境中。

怎么样？你是不是觉得很惋惜？这就是典型的不爱自己的表现，不希望自己过得好，也不希望自己变好。

当然，更多的人不爱自己是表现在彻底自我放弃，根本不去争取幸福，根本不盖楼。

好了，说完不爱自己，我们再来谈谈不爱自己的原因吧。

第三步，了解不爱自己的原因。

我们为什么会不爱自己、会把自己的特点当成缺点来看待呢？为了解释清楚，我们需要耐着性子从头来梳理一遍。

首先，请回答一个问题：你喜欢吃垃圾桶里的东西吗？如果你不是故意抬杠，你的答案肯定是不喜欢。因为垃圾桶里的东西又脏又恶心，想起来就反胃。同样，人不爱自己，归根结底就是我们发自内心地觉得自己不够好，不配得到爱。

如果一个人一直认为自己不够好，不够优秀，他就会真的让自己不够好，不够优秀。而这个自我定义的来源，则是我们早年生活的经历。

1. 你妈认为你不好。

在心理学中，一个人的原生家庭（0—6岁的成长环境），几乎决定了他所有的人格特点。孩子会把母亲的话奉为神明，成为认识自己的基本框架。

每一个孩子刚来到世间时，都不知道自己是什么样的人，也不知道什么是好，什么是坏。他只能依靠身边的人来认识自己，这个人就是他最信任、最依赖的母亲。

母亲的一言一行，都会让他对自己的认知产生影响：如果母亲告诉他肥胖不好，他就真的认为肥胖不好；如果母亲嫌弃他皮肤黑，他就会认为自己皮肤黑是不讨人喜欢的。

这就是母亲给孩子的定义，直接给小孩打上了一个标签，如果这个定义是负面的，可能是这个孩子一辈子都无法摆脱的“诅咒”：即便他是个很优秀的人，可他仍然因为自己长得不够高而自卑，认为没人会爱他。

这种自我定义如果不能通过强大的心理干预纠正过来，会毁掉一个人的一生——因为觉得自己不够好，所以不配得到爱，就会千方百计地阻挠自己获得幸福。

2. 自己成为残害自己的帮凶。

人们经常会说，天下没有妈妈不爱自己的孩子。这句话并不正确，首先，爱是什么意思很多人并不清楚；其次，如果孩子的出生时机不是妈妈想要的——如果出生在他妈妈最困难的时期，在他妈妈还未成年时，甚至因为妈妈意外怀孕而生下来，那么妈妈并不见得会爱这个小孩，甚至会有点恨他。

但是反过来，天下没有孩子不爱自己的妈妈。这句话是正确的。

因为一个小孩刚来到世间时，他非常弱小，不能自己获取食物，甚至不能自己走路，他必须依靠母亲才能活下去，母亲就是他的神。所以，他特别心疼、依恋、崇拜自己的母亲。

在这样的心理机制下，孩子就会成为帮助妈妈攻击自己的“帮凶”。所以，只要母亲不开心，孩子就会认为是自己不好，就会把所有责任都往自己身上揽。他非常体谅妈妈，非常同情妈妈，非常崇拜妈妈。他发自内心地认为是自己不好，才让妈妈不开心。至于自己为什么不够好，他会把从母亲那里听到的所有评价都当真，并且发自内心地认同：因为我笨、因为我爱哭、因为我长得不好看、因为我皮肤黑，所以妈妈才不爱我。

这就是小孩被妈妈打骂后，一点都不讨厌妈妈，甚至会讨好妈妈的原因。这也是一个人不喜欢自己、不爱自己的开始。

曾经看过这样一个让人落泪的新闻：这个事件发生在杭州，一个 2 岁的小女孩活活被母亲殴打致死。而令人难忘的一个细节是，警方赶至现场施救时，女童已奄奄一息，此时她仍伸出手，嘴里念着：妈妈抱，妈妈抱。这一幕让人很是心疼，这个小女孩连话都说不清楚了，还完全透露着对妈妈无条件的爱，完全是站在妈妈一边的——妈妈生气是因为我不好，她打完我就没事了。为了让妈妈高兴，她甚至愿意交出自己的生命。

一方面，很多不成熟的母亲生气时喜欢把责任往孩子身上推：都是因为你，我才不能升职加薪，买不上漂亮的衣服；都是因为给你做早餐，我才上班迟到。本来孩子就已经在责怪自己了，加上母亲这么一说，孩子就更加厌恶自己。

另一方面，很多父母并不明白孩子的心理机制，也不懂得如何当好父母，尽管他们不会直接责骂孩子，但是他们对待孩子的方式却让孩子产生“自己不好”“自己错了”的认知。带着这样的认知，孩子就开始无尽地自责，最终发自内心地讨厌自己。

以下是母亲伤害孩子，让孩子变得不爱自己的方式，排名分先后，包括但不限于以下几类，请问，你属于哪一类？请打“√”。

□ 1. 寄养：很多父母因为工作，没时间陪伴孩子，就把孩子交给家中的老人带，自己偶尔去看一看。这是中国很常见的现象。乍一看好像没问题——父母要工作，没办法带孩子，家里老人退休了，精力也还旺盛，又有时间又有钱，确实是一个不错的选择。可是，那只是经济上划算。对于一个不到 6 岁的孩子而言，除了妈妈，包括父亲在内的其他人都是陌生人。一个孩子整个 0—6 岁的阶段都是在认识自己，都是靠母亲与他的互动来印证自己是什么样的人。如果这时候离开母亲，他会认为自己是被母亲抛弃了。然后他就会认为，因为自己不好所以妈妈才不爱自己；因为自己的存在，妈妈就不能好好上班，自己就是妈妈的拖累。

□ 2. 长女：父母生下第二个小孩，通常年长的小孩会有一种巨大的失落感：因为自己不好，妈妈才生了一个弟弟或者妹妹。其中最为严重的是长女，尤其是有弟弟的长女。出于重男轻女的传统思想，长女通常被要求让着弟弟、照顾弟弟，她会感到自己无比失败，因为自己不够好，因为自己是女生，妈妈才会再生个弟弟。为了得到妈妈的认同，她会牺牲自己讨好弟弟，来博取妈妈的关注。心理学中，这种极其严重的低价值感现象被称为“长女情结”（详见朱亚、赵黎言著《家庭教育心理学》）。

□ 3. 打击、否定：很多父母怕小孩学坏，或者想让他更好，经常会否定、打击、呵斥自己的孩子。这同样会对将母亲奉若神明的孩子，产生巨大无比的伤害。一个小孩，不会怀疑母亲是否出错，只会攻击自己：因为自己不好，才会被妈妈骂；自己是错的，妈妈是对的。

你看，这些伤害行为中，父母看起来没有任何恶意，他们真的认为那是对孩子好。

把孩子寄养到爷爷奶奶家，自己可以上班挣钱增加收入。爷爷奶奶有精力、有闲有钱，能够更好地照顾孩子。这样一来，自己挣到更多钱，就可以给孩子提供更好的教育。这真的没什么错，也是真的为孩子好；生第二个孩子，让家里的孩子多一点，也没有什么错；骂孩子是因为真的希望他变好，也能说得通。

以上所有行为都没有恶意，都是好意的，但却造成与预想中完全不同的结果：本以为把孩子寄养到爷爷奶奶家，他就能得到一个无忧无虑的童年，有两个老人陪他玩，结果孩子觉得自己不够好，被妈妈遗弃了；本以为再生一个孩子让家里热闹一点，让孩子不至于那么寂寞，结果孩子认为自己不够好，妈妈才生第二个，变得讨厌自己；本以为孩子要多管教、多批评让他学会谦虚，结果孩子认为自己是个做什么都不对，学什么都学不会的蠢货，开始厌恶自己。

为什么会这样？因为妈妈们总是忽略了一点，那就是对于孩子来说，妈妈就是一切。如果不能让孩子感受到妈妈爱他，孩子就会认为自己不可爱才不被妈妈爱，进而认为自己不值得被爱，不配得到爱。

比如小孩哭闹，他是在测试妈妈到底对他怎样，又或者在向妈妈求助。结果妈妈很不耐烦地把他骂了一顿，又或者直接把他关在小黑屋里。这时候，孩子更加伤心了，原来妈妈不爱他。过一段时间，他就不会哭闹了，这被很多大人认为小孩变“乖”了，其实是他对妈妈绝望了，知道了自己在妈妈心中的地位——自己是不可爱的，自己的要求不重要。所以，他们会停止使用哭闹的方式来测试家长。

母亲对孩子的伤害都是无意的，一个妈妈因为孩子不吃饭而打骂他，她可能真的是想为孩子好。但是这些妈妈出于工作原因、爱情原因、情绪原因，与自己孩子沟通失误，给孩子造成无比强大的负面自我定义——我是一个不好的人，我不可爱。

这就是为什么我们不爱自己的心理机制，因为小时候我们总是被妈妈有意无意地告知：自己是一个不可爱的人，是一个令人讨厌的人。尽管妈妈可能是无意的，尽管她可能是因为在外面受了委屈心情不好，尽管她可能是因为生活所迫，不得不把我们寄养在老人身边，尽管她说的“不要你了”也就是一句玩笑话，最后连她自己都忘了。但这都被我们完全当真，全盘接受，并且发自内心地认为自己不够好，不值得爱，不配拥有更好的生活，不应该被帮助。然后在之后的生活中，放弃自己、不珍惜自己、不为自己负责，亲手毁掉自己的幸福。

读到这儿，你有没有一种欲哭无泪的感觉？是不是觉得自己特别不值得？因为妈妈一句无心的话，就把自己彻底否定掉，把特点当成了缺点，成为一辈子不爱自己、伤害自己的理由。

别难过，以前你之所以伤害自己，是因为你不明白，所以才成了母亲的“帮凶”。现在，只要脱掉这些让自己感到讨厌的定义，我们就变成了一个新生的婴儿。一个新生的婴儿，怎么都是可爱的。

好了，休息一下，我们来看看爱自己又是什么样的。

第四步，明白什么叫爱自己。

那么，什么叫爱自己呢？

爱自己，包括爱自己的尊严，爱自己的身体，爱自己的情绪，爱自己的生命。为了让自己变得更好，心甘情愿地付出一切，并且承担所有后果。

来，我们看看一个人爱自己应该是什么样的。以下是爱自己的 11 个表现，请拿起笔，看看自己能做到哪些。能做到的请在“□”中打“√”。

□ 1. 珍惜自己的生命。不会让自己陷入危险的境地中。不与陌生人发生冲突，因为不知道对方到底是什么人，有可能是个精神病，是个疯子。如果与对方产生冲突，对方可能一刀砍死自己。不“路怒”，不酒驾，开车不超速，因为很容易发生车祸。

□ 2. 保护自己的尊严。不做让人反感，并且事后自己也感到恶心的事，比如撒谎、在公共场合大吵大闹、乱扔垃圾、闯红灯、嫖娼、偷盗等。

□ 3. 在意自己的情绪。愤怒、忧伤、恐惧，要勇敢地表达，让它流露出来，而不是过分压抑。

□ 4. 有自己的理想。能在社会生活中找到自己的价值，成为一个被人需要的人。

□ 5. 在意自己的前途。保持学习，保持思考，不偷懒，不玩物丧志。

□ 6. 爱护自己的形象。衣着干净，体面，勤剪指甲、勤洗头，时常打扫家里的卫生。

□ 7. 爱惜自己的身体。不过度喝酒、抽烟、熬夜，保持运动，让自己的身体处于健康状态。

□ 8. 直面自己的错误。为自己的行为负责，不推卸责任，也不过分攻击自己。

□ 9. 忠于自己的感受。不因为别人的评价而改变自己的决定。

□ 10. 重视自己的荣誉。竭尽全力做到自己所承诺的一切。

□ 11. 重视自己的感情。像爱自己一样去爱自己的伴侣，不出轨。如果发现自己不爱对方，会勇敢地与对方分手。

这就是爱自己的表现，你觉得最难做到的是哪些？是不是有点读不下去了？没关系，先休息一下，接下来我们继续。

第五步，成为一个优秀的人。

为什么要爱自己？答案是为了让自己变得优秀，变得优秀才不会成为和父母一模一样的人，才会让自己的孩子有一个学习的榜样。所以，这一步是给自己定一个目标，让自己成为一个优秀的、可爱的人。我们先来认识一下一般观念中，优秀的男性女性是什么样的。

首先是男人，说到优秀的男人，我们应该怎么描述他呢？我们访问过很多“80后”“90后”年轻男女，让他们写下理想男人的特点，并与主流的影视、文学作品中受欢迎的男性形象进行比对。我们发现虽然每个人对男人的理解各不相同，但其中有一些特质却是一致的。经过交叉重合，我们可以得出这样的结论：在现代社会中，一个优秀的男人，应该是：（选择自己符合的那一条或几条，在“□”中打“√”）

□ 1. 勇敢。勇敢意味着不害怕，不害怕危险，不害怕失败，不害怕痛，不害怕受伤，不害怕劳累，不害怕困难，不害怕饿。

□ 2. 自信。自信意味着相信自己，包括相信自己的力量、相信自己的智慧、相信自己的判断、相信自己的人品。因为相信自己，在遇到困难时才会勇敢地去面对，去解决它。生活中，如果一个人不相信自己可以挣更多的钱，那他就永远都不可能挣到更多的钱，因为他不相信，所以他不会行动。

□ 3. 责任。责任意味着承担后果。包括对自己负责、对家人负责、对孩子负责、对社会负责，能为自己的行为承担后果。

哪怕偶尔犯错不要紧，只要愿意承担责任，他仍然是条汉子。

□ 4. 正义。正义意味着有道德底线，有原则。道德底线以普世价值观作为自己的行事准则，而不被地方、时代的法律、文化所裹挟。比如，伊朗允许男子与 9 岁女童结婚；非洲一些部落仍然允许人吃人等。具有正义感的男人，即便在伊朗也不和 9 岁女童结婚，即便生活在非洲部落也不吃人肉。

□ 5. 坚强。坚强是一种抗压的能力，一个坚强的人不会因失败而一蹶不振，也不会对困难屈服。所谓的“硬汉”，其实并不是要有多么大的本事，也不需要多么强壮，但必须足够坚强。一个男人要在世界上生存，他必然会面对无数的挫折和失败。你可以摧毁他，甚至杀死他，但你绝对无法打败他。

□ 6. 健壮。健壮是一个男人所必须具备的条件，他不一定要拥有像健美运动员那样的肌肉，但他不能太瘦或太胖。一个男人必须把自己定义为强者，他才会勇敢、才会负责、才会自信。伟大的灵魂总是隐藏在野蛮的身躯下，健壮是一个人基本的力量，你不能指望一个骨瘦如柴、手无缚鸡之力的男子去路见不平拔刀相助。

□ 7. 见识。见识是一种格局，一个男人需要有足够的见识，才能使自己和家人更好地生活。读万卷书，行万里路。他的见识可以来自阅历，也可以是从书中学来的。见识能影响他的价值观、眼界、想象力，同时也能让他变得有趣。

□ 8. 忠诚。对爱人忠贞，待人诚恳，光明磊落，不欺骗别人，不算计别人。

□ 9. 大度。不斤斤计较，啰里啰唆，不会因为受一点点委屈就牢骚满腹。

□ 10. 热情。愿意帮助别人，愿意奉献自己。

□ 11. 乐观。积极面对困难，风趣幽默，不会愁眉苦脸，满脸委屈。

这就是一个优秀男人所应该具备的品质，现在请你认真地回答自己四个问题：

如果你是男人，你愿意成为这样的人吗？ □是 □否

如果你是女人，你愿意嫁给这样的男人吗？ □是 □否

如果你有一个儿子，你愿意他将来成为这样的男人吗？

□是 □否

如果你有一个女儿，你愿意她将来嫁给这样的男人吗？

□是 □否

我们再来看女人，优秀的女人具有什么样的特点呢？我们同样经过调查访问，得出以下几个现代社会优秀女人应该有的特质。同样，看看自己符合哪几条，在“□”中打“√”。

□ 1. 善良。善意地对待身边的人，不会恶毒地算计别人。

□ 2. 温柔。体贴家人，不尖酸刻薄，不好勇斗狠，不挖苦自己的家人。

□ 3. 爱心。愿意帮助自己的丈夫，愿意帮助自己的孩子，以让自己家人幸福为毕生的追求。

□ 4. 勤奋。善于学习，不好吃懒做。

□ 5. 独立。主要指精神独立，也可以涵盖经济独立，不会完全依附于男人。

□ 6. 智慧。有自己的判断，不攀比，不跟风。

□ 7. 礼仪。举止体面，并愿意维护自己及家人的尊严。

□ 8. 真诚。不欺骗自己身边的人，不虚荣。

这就是一个优秀女人的品质。现在，请你回答：

如果你是男人，你愿意娶这样的女人为妻吗？ □是 □否

如果你是女人，你愿意成为这样的女人吗？ □是 □否

如果你有一个儿子，你愿意他将来娶这样的女人吗？

□是 □否

如果你有一个女儿，你愿意她将来成为这样的女人吗？

□是 □否

第六步，分辨自己的缺点和特点。

现在，我们要接受自己，帮助自己分辨缺点和特点。

说起自己的缺点，大部分人首先会联想到矮、穷、丑、胖、黑、笨……这个想法是不对的，因为高矮胖瘦、贫穷富有，都是相对的。美和丑怎么分辨呢？富和穷又怎么比较呢？比起姚明，我们都很矮；比起吴彦祖，我们都很丑；比起扎克伯格，我们都很笨；比起北欧人，我们都很黑……这样比下去就没完了。你看我们刚才说到的优秀男人和优秀女人，都没有外形的

部分。因为，没有绝对的参考标准，所以只能相对比较的外貌、智力、财富等这些都属于特点；而能以绝对标准评价的才属于优缺点。

举个例子，如果你是女人，你愿意嫁给一个勇敢、自信、有责任、坚强，对妻子忠贞不渝，愿意不惜一切代价保护妻儿的男人吗？至于他是否长得帅，身高有没有一米八，重要吗？

同样，如果你是男人，现在有一个温柔体贴、善于学习的女人，她愿意花毕生精力去帮助自己的丈夫变得更优秀，让自己的孩子生活更幸福，你会爱上她吗？你会在意她长什么样子吗？

这还有点道理吧？所以，这一步我们要搞清楚，什么是特点，什么是缺点。当然，缺点是应该改掉才能成为一个优秀的人。而特点则不用改正，因为它并不是那么重要。

缺点是可以改正且需要改正的，例如以下一些缺点（看看你身上有哪些，请在“□”中打“√”）：

□ 1. 懒惰

□ 2. 脆弱

□ 3. 自卑

□ 4. 邋遢

□ 5. 不诚实

□ 6. 阴险奸诈

□ 7. 贪慕虚荣

□ 8. 不学习

□ 9. 自负

□ 10. 暴躁

□ 11. 小肚鸡肠

□ 12. 冷漠自私

□ 13. 阿谀奉承

□ 14. 不负责任

□ 15. 价值观混乱

□ 16. 胆小

□ 17. 刻薄

□ 18. 蛮不讲理

□ 19. 请你补充 ______________________________

而特点，则是无法改变且不必改变的，包括但不限于：

□ 1. 肥胖

□ 2. 消瘦

□ 3. 皮肤黑

□ 4. 眼睛小

□ 5. 戴眼镜

□ 6. 狐臭

□ 7. 声音沙哑

□ 8. 单眼皮

□ 9. 脸大

□ 10. 长雀斑

□ 11. 头发少

□ 12. 请你补充 ____________________

这些只是我们的特点，但很多时候我们都会把自己的特点当成缺点，然后变成自卑、嫌弃自己的依据。

现在，请认真思考后填写：

我认为我的缺点是：

____

我以前认为我的缺点是：

____

现在我明白了，这些仅仅是我的特点，我没有理由因为这些特点而讨厌自己。

这一步到此为止，我们先休息一会儿，再来看下一步。

第七步，改正自己的缺点，接受自己的特点。

欢迎回来，我们继续。

前面我们说到，缺点是必须改正的，特点则不用改正。当然，如果你比较胖，又发自内心地认为应该减肥，那就去运动吧。

通过前文的阅读，你认为自己的缺点有哪些？又有什么样的改正计划？请写下来。

范文：

我的缺点是（自卑、胆小、懦弱、懒惰），我发誓，为了让自己变得更优秀，我一定会不惜代价将这些缺点改掉。我的计划是（报名参加拳击训练营，通过长时间的肌肉训练、抗击打训练，来提升自己的勇气；通过长期的技术训练提高自己的身体素质，让自己相信自己的能力；通过长期的实战对抗，来提升自己的信心；通过花钱来督促自己上课，改掉自己不思进取的缺点）。为了我的未来，我一定这么做！

我的缺点是：________________，我发誓，为了让自己变得更优秀，我一定会不惜代价将我这些缺点改掉。我的计划是：

____

____

为了我的未来，我一定要这么做！

写好计划别睡一觉就忘了，一定要坚持下去，现在就开始写日记，并发朋友圈打卡吧。

第八步，只在意与自己相关的事。

如同缺点和特点一样，我们经常会受到别人的干扰。别人的评价，会成为我们放弃自己、不对自己好的理由。比如，别人笑话自己一把年纪还学拳击，难道因为这个就要放弃自己的健康、放弃帮助自己变得勇敢的信念吗？

这一步是一个自我坚定的过程，我们必须明白：我们为自己而活，不是为别人而活。所以，我们正确的人生顺序应该是：

1. 自己；

2. 爱人；

3. 孩子；

4. 其他人；

……

至于别人，他们的评价并不重要，我们并不为他们而活。如果我们自己认定一件事，那它就是当下应该做的事，尽管动手去做吧。

第九步，支持自己的家人。

刚刚我们提到过，自己和家人（爱人、孩子）才是我们一生中最重要的人。所以，我们要倾尽全力保护他们，帮助他们。

因此，当任何人与自己的家人产生冲突时，我们都要与家人站在一边。至于别人怎么评价自己，一点儿都不重要。我们最应该关心的，是自己如何评价自己，自己的爱人和孩子如何评价自己。一个爱家人的人，一个愿意帮助家人，只在意自我评价和家人评价的人，怎么会不可爱呢？怎么会不值得爱呢？

这话没毛病吧？来，我们接着往下读。

第十步，接受自己与家人的不同。

我们总和人吵架，伤害自己的根本原因，是我们总以为别人和自己是一类人。当我们发现彼此相差太大，无法达成共识后，我们就会暴跳如雷，特别想说服对方，特别想让对方认同自己。

如果强迫对方和我们达成共识，我们就会伤害对方，也会伤害自己。最后把孩子变成和我们一模一样的人。

每个人生来都有很多与别人不同的地方，这些都是我们的特点，而不是缺点。况且，家不是一个讲道理的地方。你喜欢吃杧果，爱人喜欢吃荔枝，孩子喜欢吃榴梿，这没什么不可以。

家人是用来爱的，不是用来谈判的。接受他们与自己的不一样，不仅可以让自己和对方不受负面情绪的影响，更重要的是，这会让孩子以后成为一个随和、有爱心、善于与别人合作的人，而不是成为一个和你一模一样，不知道爱的人。

第十一步，行动。

光靠看书是不能让自己爱上自己的，必须持之以恒地行动。所以，给自己列一个计划吧。接受自己的特点，改掉自己的缺点，让自己成为一个可爱的人。当一个人接受自己、喜欢自己、帮助自己后，他一定会成为一个优秀的、可爱的、可敬的人。

说的就是你，还愣着干啥，赶紧行动啊！

好了，这就是爱上自己的 11 个步骤，加油，努力成为更好更优秀的自己！

最后，什么是优点和缺点的绝对评价体系）呢？骑士精神的八大美德和九大誓言或可作为一种多数人认可的价值判断标准。

八大美德：谦卑、荣誉、牺牲、英勇、怜悯、精神、诚实、公正。

九大誓言：

一、我将友好地对待弱者；

二、我将勇敢地对抗强暴；

三、我将对抗一切错误；

四、我将为手无寸铁的人战斗；

五、我将帮助任何向我求助的人；

六、我将不会伤害妇人；

七、我将帮助我的“兄弟骑士”；

八、我将忠诚地对待我的朋友；

九、我将对我所爱至死不渝。

你愿意这么做吗？请签名确认。

第三节　老朱和小沈的对话

又到了小沈对老朱的访谈时间。前面两章的访谈，老朱都还有点“假正经”，有点“专家学者”的样子。这篇，据小沈说，他把自己过去那些肮脏黑暗的老底儿一次性全给交待了，而且交得特别透，下手特别狠！

小沈：您是什么时候意识到不爱自己的？您当时的反应是什么？

老朱：先给你讲讲我的恋爱史。我的第一段婚姻，是从1995年开始，2012年结束的。我和前妻在一起17年。离婚以后，我又谈了个女朋友，处了一年时间就分开了，因为我俩闹得一塌糊涂。后来我遇到了现在的爱人，我们2013年认识，2015年结婚。结婚前还好，结婚后，从2015年到2016年，整整一年，我和爱人都经常吵架。我爱人对我说，老朱你就是个疯子，稀奇古怪的吵架方式都用上了，她说她一辈子从没见过一个吵架可以吵得这么离奇、这么恶心的人。我俩去年差点分手了，分居了一个多月。后来我们和好了。

和好后，有一天晚上我爱人（她是个心理学爱好者，也是因为我她才去学的心理学）突然跟我说：“老朱，我现在才发现，你潜意识里是个特别不希望自己过得幸福的人，是个认为自己特别不配幸福的人，一旦过得幸福你就会觉得不真实，因为你的不安全感、不信任感，你总是想去摧毁好的东西、总是拒绝幸福的生活。”就是这句话让我醍醐灌顶，我突然意识到自己的问题出在哪里，原来我把生活过得那么糟，不是我想要的，是我的潜意识在作祟，是我潜意识里不爱自己、不希望自己好导致的。

我跟你说一下，当时听到这句话我的反应。那是 2016 年 9 月的一天晚上，我们俩坐在一起，当她说完这些话，我突然趴在床上号啕大哭，哭了一个通宵。我不抽烟，也不喝酒。如果我喝酒的话，当时估计会索性把自己喝死，就是不敢面对自己的过去，你知道吗？我完全不敢见人，我以前伤害过我的孩子，伤害过我的前妻，伤害过我的领导、同事，伤害过那些跟我有过关系的女人。我完全不敢面对自己给他们带来的屈辱和灾难。我从那一刻起，才开始发现我的潜意识，才开始看心理学方面的书，来面对自己，来治疗自己。

小沈：那您找到病因了吗？能否大概说说您的情况。

老朱：病因得从我的原生家庭讲起。我们家七个小孩，我父亲是在“文革”时被打倒的，我妈一个人带着七个孩子在苏北农村生活，我大哥和大姐又陆续读了高中，都不能帮她干活，她其实是特别不容易的。

在我们家七个小孩里面，我和我二姐是特别不受宠的。老大是个女儿，我父母肯定特别喜欢；老二是个儿子，也喜欢；老三是个女儿，在农村，重男轻女，就没那么值钱了；老四又是个女儿，就是我三姐，更不值钱了；那连生两个女儿，接下来生到个儿子，就是我们家的老五，肯定特别受宠；然后又生了我，儿子多了也不值钱了，加上我父亲就是我出生那一年被打倒的，整个家道中落也是从那年开始的，我在家里就特别招人嫌，大家都觉得我是个“扫把星”；最后生了我妹妹，农村说“皇帝爱长子，百姓爱幺儿”，我妹妹还是比较受宠的。

我印象中，我妈从来没在私底下或者任何公开场合夸过我一句。我印象最深的是什么呢？苏北农村有个风俗，每年春节，舅舅都要接外甥回门。我舅舅是当地一家医院的院长，谁要是被他接回去就会有很多好吃的好玩的。每一次舅舅来之前，大家都会商量，邻居也会问：“今年谁去呀？”去的那个就要事先换好衣服。每一次我都把衣服换好，但每一次我妈都会很大声地吼：“你去干什么？回来！”她当着我舅的面，当着众邻居的面，把我从板车上拉下来。

被赶下来之后，我会觉得很没面子，也会很失落，就哭。一哭，我妈就会跟围观的村民说：“幸亏没让他去，你看那孩子多讨人嫌，你跟他说任何事他都只知道哭。”然后我就会挨一顿骂，我到现在都记得我妈在跟别人描述我时是怎么说的：“这个孩子，头又大，又笨，人又丑，牙又黄，又喜欢哭，这个孩子最讨人嫌！”她描述我总是一连串，就像顺口溜一样。好了，终于，在我上高中的时候，成绩比较好，同村的人偶尔会跟我母亲说：“你这个儿子成绩好，以后能考取大学。”我妈会怎么回答别人？“考大学有什么用，你看他手脚多笨，就算考上大学也爬不上飞机，上飞机都要别人背他上去！”

小沈：母亲的奚落和否定给您带来致命的打击，这直接导致您在 46 岁之前，也就是突然醒悟之前，一直是个不爱自己和轻贱自己的人。

老朱：童年的经历让我特别自卑，自卑到我认为自己出去，走亲戚也好，上街也好，都是在给家里丢人。自卑到我成年以后，产生了6个致命性的后果。

第一个后果是在我45岁之前，我几乎从来不照镜子，从来不用洗面奶洗脸，从来不给自己买新衣服。我很年轻就当老总，但是我从不收拾自己。有一次我的部下用公司的钱给我买了一套衣服我还很得意，出去吹牛说："你们看我威信多高，我员工都给我买衣服。"后来我部下说："朱老师，你知不知道，你穿得那么落魄，我们跟你一起出去开会都觉得很不好意思。"从小，我妈骂我丑，时间一长，我也根深蒂固地相信自己丑，丑到自己都不愿看见自己。实际上我现在爱上自己后，我现在的爱人，我的同事、朋友，很多人都说："老朱，你长得还可以，不是特别帅，但是不丑，还有点呆萌，在中年大叔里算是形象保持得不错的。"

第二个特别严重的后果，就是我以前自卑到，任何一个女人多看我一眼，多跟我说句话，我就会认为人家爱上我了。以前我有一个相处过的女人，长得特别丑，丑到我的部下，我的同事、朋友，都会匪夷所思，他们不能理解，老朱这样一个人，有才、年轻、厉害、挣钱多，为什么会带一个那样的女人出来。他们简直不敢相信，但是我自己很入戏，我相信那些感情是真的，就因为对方在酒桌上跟我多说了两句话，我就会认为人家是真的爱我。

第三个特别要命的话题，是我打小在家里被排斥，导致我特别想融入集体。想融入集体是什么感觉呢？我特别不敢拒绝别人，比如我本来答应了回家吃饭，但只要外面有朋友叫我吃饭，我都一定会去陪朋友吃饭，而把我前妻和女儿晾在家里。我会认为“人在江湖身不由己”，我认为“人家喊我吃饭是看得起我”。所以，我永远都会答应外面人的请求，任何人喊我喝酒、喊我聊天、喊我打牌，我都会去，而且永远最后一个走，哪怕我孩子病了，我都会认为外面的事比家里的事重要。到现在我终于发现，很多男人挂在嘴上的“人在江湖身不由己”，不是一种无奈，其实是一种病，叫“特别想融入集体病”。

第四个后果是什么呢？就是我特别想在原生家庭里面，在我父母和兄弟姐妹面前找回尊严、找到存在感。为了在这个集体里找到存在感，我可以付出一切。后来我知道，其实这不是“伟大”，这是一种病。为了在这个集体里找到存在感，我病态到什么程度？比如，我当时的爱人（前妻）生病了，同时我大哥的孩子过生日叫我吃饭，我就会坚定不移地去大哥家吃饭。还会跟前妻说：“不就生个病嘛，生病了你就在家休息，又不会死。”实际上我是因为自卑，不敢拒绝我大哥，我认为如果不去，就会被大家庭抛弃，就会被他们像孤立小时候的我一样，孤立现在的我。为了融入这个团队，为了让他们夸，我必须去，去了还得大撒红包。这么做的直接后果是，前妻认为她在我心里根本不重要，只有大家庭的那几十号人才重要，包括我女儿也是这么想的。

小时候的被鄙视，还给我种下了第五个恐怖的恶果，就是我会像母亲对待我那样对待我女儿，在我女儿小的时候，我特别爱吼她，当着很多人的面指责她“胆子特别小，一点都不勇敢”，然后女儿就坐在地上号啕大哭。因为我变态地吼孩子，孩子就自然而然地站在前妻那边，我就会觉得被孤立。所以在这本书里，我真诚地检讨，曾经吼过女儿的 13 次，我都记得特别清楚。到现在我终于知道喜欢吼孩子的原因是什么，就是当看到她有什么事情没做好的时候，我就会投射出小时候的自己，就会想到我母亲骂我的那一长串——“头又大，又笨，人又丑，牙又黄，又喜欢哭，这个孩子最讨人嫌”，我就会被那个屈辱的自己激怒，被激怒的原因是我还没有勇气面对他（小时候的自己），还没有勇气静下来看看他、抱抱他。

还有一个特别致命的后果是，我特别不爱惜钱财。每当银行卡上有 50 万元以上的钱存在，我就会感到不真实，就会想方设法把它折腾掉。我对自己的价值感评估极低，认为自己就该穷，就该苦，就该潦倒落魄，那才是真正的我，因为我一直都是那么过来的。所以现在的爱人说：“老朱，你潜意识里是个苦孩子，你认为自己不配过富裕的生活。这不怪你，不是你的错。”当她说完这些的时候，我真的趴在床上号啕大哭，完全不能自已。

这些都是我特别痛苦的领悟，不敢面对自己，不敢相信自己，不认为自己应该幸福，破罐子破摔，特别想融入社会，特别想融入我父母那个大家庭，童年所受的伤全部在我小孩身上重演……今天说到这些，我其实特别清醒，发自内心地认为，我离婚，我女儿去英国生活，这对女儿来说是最大的解脱，我认为女儿最幸福的时候就是看不见我的这段时间，所以这是上帝对她的眷顾，让她远离一个恶魔。

小沈：冒昧地说，您，一位47岁的人，直到去年才意识到自己是个病人，以及您的病因是什么，今天能否给我们分享一下，您被治到什么程度了？

老朱：醒悟可能只是一夜之间的事，然后你就会脱胎换骨。我现在特别清楚地知道，我骨子里认为自己是个值得拥有幸福的人。所以：

第一，我会特别珍惜现在的家庭。我可以做到，在国内出差不过夜，除非飞机延误，否则我一定当天来回。我可以做到一天三顿回家吃饭，连午餐都和爱人一起吃。我可以做到只要爱人不同意的事情，我立马拒绝。比如，今天我本来要去北京出差，可是我爱人说她心情不好让我陪她一下，我会立马推掉生意上的事情，当然我爱人也不会无理取闹。

第二，我知道我爱人并不希望我有万贯家业，她希望的只是任何时候她需要，我都在她身边。所以，我开始特别在意自己的健康。我戒烟戒酒，经常健身；我不再跟人发火，因为一旦发火两个人打起来，自己就会被伤害；我请专业的司机，而不是像以前那样超速、酒驾。这都意味着我开始珍惜自己了。

第三，我会特别在意自己是否体面。我说的体面不是有钱，而是指我会特别在意自己的内在和外在。比如，我现在每个月都会请理发师打理发型；每天晚上都会刮胡子；我有自己的专用衣柜，各种场合穿的衣服，休闲装、运动装、商务装，全部熨烫得整整齐齐；当然我也不撒谎，因为谎言会分散很多精力，让我过得很累，有时候还会很狼狈。

第四，我也不再有强烈的融入集体的欲望，包括父母那个大家庭，我都保持着最基本的礼节，不再想在他们面前证明自己。

可能你会说，以我的聪明和努力程度，过去我为什么会把自己搞得那么失败呢？婚姻的失败、育儿的失败、人际关系的失败、事业的失败……因为我潜意识里认为自己是个特别笨的人。现在，我花了两年时间治好自己，我可以认真地说，一个人爱自己，就要让自己远离危险，就要让自己活得坦荡，就要让自己知道什么重要什么不重要。

小沈：什么重要？什么不重要？

老朱：首先我自己是最重要的。我自己，包括我的尊严，我的安全，我的健康，我的体面，我内心的安静。比如，你不撒谎，你就不会紧张；你不喝酒，就不会醉倒在大街上；你不抽烟，就可以多活几天；你不跟人吵架，走在街上就会避免很多危险；你请专业的司机开车，你就会轻松一点，你看上去也会更阳光一些。

第二重要的就是我的家庭，我和爱人的家庭。她把她的青春、她的生命都拿来和我一起度过，所以任何客户任何会议任何生意，都没有我爱人需要我的时候我在她身边更重要。

第三重要的就是我的事业。

至于别人对我的评价，我已经可以做到基本不在意，包括我妈对我的评价，我都能够学会过滤。

小沈：今天聊的内容很残酷。为什么要当着所有读者的面说这些？

老朱：我曾经伤害了一个女人，我前妻；伤害了一个孩子，我女儿。就拿我女儿来说，她现在可能心理健康，也可能将来等她结婚以后会继承我的戾气。我清楚地知道自己造过的孽，也能预想它给这个世界带来的后果，将来我可能还要花很长很长的时间来赎罪。

那么我就想，在当代，究竟有多少人跟我一样、跟我女儿一样，在灾难性的成长环境中长大？有多少人在这种病态的方式下生活还没有觉悟？

我们每天看朋友圈就会发现，大家为什么那么喜欢秀？秀在外面喝酒、秀跟乱七八糟的人K歌、秀大半夜出去打牌……很多人，妻子、孩子不陪，整天在外面瞎混的原因是什么？打小不被父母认可的人，长大后特别想融入集体，甚至认为回家陪妻子、孩子是没有出息。我们看扎克伯格、看奥巴马，走到哪儿都把家人带上，而咱们信奉的却是大禹治水三过家门而不入、忠孝不能两全、大丈夫四海为家，最后的结果就是我们对牺牲家庭毫不在意，对泯灭自我毫不在意，甚至我们会以牺牲家庭、泯灭自我为荣。

今天我把自己内心曾经沾上的脏东西全部说出来，就是想自豪地告诉大家，我病得那么重，病了那么久，我都能治好，而且我特别想跟大家分享，治好自己以后有多爽。大家想象一下，一个男人，人到中年，47岁，早上起来健身，国内出差不过夜，不抽烟，不喝酒，不撒谎，不跟人吵架，一天三顿回家吃饭，吃完饭陪妻子散步，和妻子一起看书学习，还有着不错的收入……这就是我病好以后的表现。

今天我特别想鼓励正在阅读这本书的人，如果你有病，请相信，把自己治好，没有想象的那么难。

【老朱，把话说清楚】

小沈：你一直说“很多人填完这本书都觉得自己原来是另一个人”，那么朱老师，请问你什么时候开始怀疑自己的？

老朱：写这本书的过程当中，我发现自己原来很可恶，特别地痛恨自己。

小沈：现在呢？书已经写完了，准备要出了。

老朱：现在我觉得自己重获新生。其实我经历了三个阶段。第一个阶段是毛毛虫，当我还是一只毛毛虫的时候，我不知道自己恶心，谜之自信，毛毛虫是不知道自己是毛毛虫，它觉得天下所有生命都是一样的；第二个阶段是蛹，就是在写这本书的过程当中，我发现自己原来是条毛毛虫，想要痛改前非，那个时候是最无法面对自己的；第三个阶段是蝴蝶，也就是现在，现在我根本看不到毛毛虫了，因为我已经飞走了。

小沈：你最讨厌自己的时候，到了什么样的程度？

老朱：恶心到我会羞于见所有我写这本书之前认识的人，包括我爱人，因为我是认识她两年之后才开始写这本书的；我很多时候特别希望自己一瞬间死掉，出车祸什么的；我经常不知道自己前 45 年是怎么过来的，特别希望那 45 年所有的事情都没有发生过！

小沈：那 45 年里都发生了什么？

老朱：那 45 年里，我每天给人家演讲，给人家开会，每天跟人谈人生讲道理，每天有各种各样的爱恨情仇……其实别人都在把我当猴看，我自己不知道。就像我的眼睛被蒙上了，突然有一天，当我的眼罩让一根树枝给挂下来的时候，我才发现，原来自己竟从来都没有穿过衣服，我像一个喝醉了酒把衣服脱光，满大街裸奔了 45 年的人！那种耻辱感，就叫作恶心，特别恶心！我曾经对我爱人说，如果上帝再给我一次机会，让我必须像原来一样活 45 年，第 46 年就让我去美国当总统，我的选择是自杀。

小沈：究竟是什么触动了你，让你如此痛恨自己的过去？

老朱：这本书里有篇文章，是我写给女儿的道歉信。当我花了一整天坐在办公室里给女儿写道歉信的时候，我必须直面一个问题：我想给人家道歉，那么，我到底伤害过人家什么？我把女儿从出生到 2011 年跟我绝交，中间这 15 年，我对她所有的伤害在脑子里一个个回忆起来的时候，才发现，原来我是那么可恶，当时我特别想女儿抽我一个耳光。我对自己的恨，在那个瞬间，达到了峰值！

小沈：在写这本书之前，你预设过什么样的结果吗？比如说收获什么、变成什么。

老朱：没有。打个通俗的比喻，2016 年前我是一只毛毛虫，对于任何一只恶心的毛毛虫而言，它都有两件事情是不知道的：

第一，它不知道自己很丑，它觉得毛毛虫爬来爬去的，软软的，挺好；第二，它也不知道自己可以变成蝴蝶，它根本看不见蝴蝶，更不知道蝴蝶是由什么变来的。也就是说，在我写这本书之前，并没有告诉自己，你一定要认真写，因为写完它你就可以变成蝴蝶了。不是这样的，我是在写的过程中，写着写着，就从一只毛毛虫变成蝴蝶了。

小沈：你一个房地产广告公司的老板，开着豪车住着豪宅，每天忙着各种生意，到处帮别人看地，给人家做规划。那么最初，又是什么促使你要写本书呢？

老朱：最初写书的目的很简单，我作为一个男人、一个父亲，对我女儿的投入比一般人想象的要多，可是后来，我并没有收获到来自女儿的任何一点回报，她还和我绝交了，6 年不肯见我。这对我来说是一个疑惑，一个巨大无比的疑惑，我必须搞清楚：我怎么了？我出了什么问题？

在寻找答案之前，我给自己预设了一个立场，就是，如果有 100 分错误，一定都是我的，孩子是不会犯错的，即便她有错那也是我惹的。

一个父亲离婚，女儿不理自己，这在大多数人看来都是一个很正常的结局，至于需要这么小题大做吗？会不会有点作？是不是自虐？其实我真不是这样，因为只有我自己知道我原来是怎么对她的，只有我自己知道我对她到底有多好。所以我特别不能理解，就是全世界都可以原谅我，我都不能原谅我自己；就连我女儿原谅我，我都不能原谅我自己，我一定要找到结论，否则根本不敢面对以后的生活。

你知道吗，原谅自己太容易了——“吼孩子，哪有爸爸不吼孩子的？”“我们那个时代都一样啊！”“你爷爷当年就这样吼我，我吼你我也觉得没什么！”……很多父亲面对孩子的对抗都会说这种话，都会给自己找借口。而我，选择绝不找借口，勇敢地直面，什么时候找到答案什么时候算。

其实，这本书的创作过程就是我不停地问自己问题，每一个问题都要问到底。当然你看，我勇敢地问了自己300个问题，每一个问题都指着上帝回答，我用自己的良心来回答，所以问完这300个问题，我就知道自己病了。

小沈：简单地说，这本书的创作初衷，就是一个很委屈的父亲，自以为对女儿无比之好，结果被女儿抛弃了，然后一直想要知道为什么。最终，他选择了向自己提问的方式，逐渐地发现了问题，找到了答案。那么现在，你可以告诉我们，你找到的答案是什么吗？

老朱：我找到的答案就是——我有病，心理疾病。后来和我女儿见面时，她把我描述成一个疯子。过去45年来，我一直是个病人，一个疯子理应要被人拉开距离，包括我女儿也不例外。

想象一下，一个疯子，已经四十多天没洗澡了，抓住一个馒头揣在怀里，捂了十几天，馒头已经发霉发臭了，他还像宝贝一样带回去给自己女儿吃。当他兴冲冲地回到家里，自己满脸都是泥，手上血淋淋的，把女儿从睡梦中摇醒，硬要塞一个馒头给她吃……那种场景，如果是一个电影镜头，观众可能会很感动，他们会觉得，哇，这个父亲好有爱！可事实却是，那个馒头是不能吃的，我女儿很可能背着我把那个馒头扔了。而我呢？我是疯子，我发现她把馒头扔掉，就会觉得自己很受伤，甚至会恼羞成怒地去掐她的脖子！

好恐怖！一个疯子，第一，他不知道脏，不知道自己四十多天没有洗澡；第二，他不知道馒头已经坏了，还在那儿自我感动：你看我好疼我女儿！

小沈：你刚刚用“疯子”来形容自己，是什么意思？

老朱：我所说的疯子，并不是指关在疯人院里的有精神疾病的人，而是指在日常生活中，经常会情绪失控、习惯性用情绪来处理事情的人。这类人会突然之间发疯，想变脸就变脸，变脸前和变脸后完全判若两人。其实在变脸的那一瞬间，他就是疯病犯了。比如说我以前，女儿不吃饭，我一生气就会把她提到门外去，一个正常人怎么会那样干呢？

先说好，我用疯子来比喻自己，比喻一些和我有同感的读者，并没有歧视的意思。它不是一个否定词，只是一种病，一种心理疾病。举些例子，如有些家长，小孩不做作业，他们不会第一时间去关心孩子，而是会瞬间转化成情绪：“我打死你！”甚至有些父母会亲手把自己的孩子掐死！又如有些夫妻，本来相处得好好的，一句话不对就爆炸，然后吵架、打架、摔手机、砸电视……事后回忆，那哪是自己呢？那就是一个疯子。还有一些人，特别喜欢战斗，一旦遇到和自己想象中不一样的事情就会立刻翻脸，甚至砍死人的都有。

我经常用“疯子”来比喻以前的自己，是说每当情绪失控的时候，我就会跟疯人院里的疯子一样，沉浸在自己的情绪里面，进入一种无法自持、无法交流的状态，从而做出吵架、摔东西、打人、吹牛、过度牺牲、拿钱买自尊等可笑的行为！

小沈：那么现在，你的疯病好了，回过头来，你发现自己得了哪些疯病呢？

老朱：我本来写书是为了寻找，为什么我这么爱我的小孩，结果她却要和我绝交？在写书的过程当中，我发现以下几点。

第一，我就是个彻头彻尾的病人。

第二，在发现自己是病人之后，我还有一个重大的发现，就是，我其实一点也不爱我的孩子——这个很要命——我只是为了感动自己才拿馒头给她吃，因为在疯人院里只有我有馒头，我是为了显示自己牛，而不是因为爱她才那么做。

第三，很可怕的是，我不仅发现自己不爱孩子，我还发现，那个陪我走了20年、跟我结婚15年的女人，也就是我的前妻，其实我也从来不爱她。

当我意识到一个女人陪我走了20年，而我根本不爱她的时候，更恐惧的问题出来了：那么我为什么要跟她生活在一起呢？我为什么会跟一个我不爱的人整整过了20年之久呢？那我就要接着去找答案，找着找着才发现，原来最恐怖的事情是：我也一点都不爱我自己！我是个疯子！一个疯子每天在大街上捡垃圾来吃，他很疼自己吗？他一点也不爱自己，一个疯子怎么会爱自己？

所以这本书很恐怖的地方在于，一个每天笑嘻嘻地给人家上课、给人家培训、一年赚几百万元、开着奔驰带着秘书出去开会的人，全世界都不知道——只有我女儿和我自己知道——他原来是个疯子，他每天下了班就去翻垃圾桶，每当翻到一个发霉变臭的馒头，就笑嘻嘻地、手舞足蹈地拿回去，把自己的女儿摇醒，塞都要塞到她嘴里！

小沈：后来，你女儿跟你交流过她当时的感受没有？

老朱：非常庆幸的是，这本书写完一年之后，我女儿跟我和好了。后来她见到我，我们俩聊天，她就跟我说，老朱，你想过没有？我和你生活这 15 年，我的心理创伤有多大？

她说：老朱，你知道吗？我一个小女孩被关在屋子里面，对我而言你就是我的世界。我被迫和一个疯子关在一起，他每天想什么时候喂我馒头就喂我馒头，想什么时候喂我包子就喂我包子，而且他是从垃圾桶里捡来的，我也没办法，因为他是疯子，如果我不吃他就会把我掐死。

她说：老朱，你知道这个疯子对我的伤害有多大吗？你知道我这 15 年经受的恐惧有多深吗？关键是我那时根本不知道你是疯子。你今天拿一个臭馒头塞到我嘴里，明天又拿一个新鲜的桃子给我吃，那个桃子可能真的是你翻山越岭，爬到树上摔得满身是血给我摘回来的，我会被你的桃子所感动，所以我没办法意识到你是疯子！甚至我会拒绝承认自己的爸爸是疯子，会有耻辱感你知道吗？

小沈：当你突然意识到这一切，知道自己是个活了45年的疯子，发现自己一点都不爱自己、一点都不爱妻子、一点也不爱孩子时，那一刻，该是有多绝望啊！

老朱：跟你讲个细节，就是当我意识到这一切的时候，我躺在自己的房间里号啕大哭，一整夜，我真的不敢看自己。我把这本书写完的那段时间，经常在卫生间里洗脸，洗着洗着就哭出声来，那种羞耻感是很恐怖的。

有一天，我跟我现在的爱人，我们发生了争执，没吵架，只是发生了争执，她就要开车出去，我不让她走，她非要启动车子，我突然之间就从车上冲下来，要跑到马路中间去，那一瞬间我真的特别希望自己灰飞烟灭。等我平静下来以后，我把我的心路历程讲给她听。我说：你知道吗，刚才那一瞬间我特别想壮烈一下。她说：为什么会那样？我说：我特别不想看到自己，特别不想！

就是我刚才讲的话题，45年在这个世界上，在我妈妈心目中我是个乖儿子，在我妈家几十号人的心目中我是个成功人士，我曾经去北京接受过中央电视台的采访，我人五人六，甚至还要出书，直到这本书写完，我才发现，其实我从来都没有穿过衣服！所以那一瞬间的感觉，就是到了峰值，我正儿八经地准备往快车道上冲过去！

你知道吗，那一瞬间我特别平静，不是为了气她，是真的很平静，到了绝望谷底！可能这句话很多人都不能理解，我今天可以负责任地告诉大家，自从写完这本书，我就不怕死了，真的不怕死了。

为什么呢？我觉得，一个人45年没穿衣服都活过来了，他应该不会再死了。有句话说，活着都不怕，死还怕吗？你让我45年不穿衣服，我都能活过来，死应该比这件事情简单吧？

所以这本书写完我才发现，45年来，我眼睛被蒙上了我不知道；45年来，我每天在社会上扮演各种角色，等我把眼罩揭下来我才知道，原来我从来都没有穿过衣服，那种耻辱感简直无法言传！

小沈：是谁给你蒙上眼睛的？那副眼罩谁给你的？

老朱：这个问题特别深沉，其实很多不愿意直面本书封底那8个问题的人，都和我一样，是个疯子，是被蒙上了眼罩，而我们的眼罩都是由亲生父母给套上去的，只是我们不知道，或者说不愿意承认罢了！

因为父母的眼罩，我们失去了对自己的基本判断。比如说过去我从来不敢照镜子，因为打小我妈就说我特别丑，所以我一直认为自己很丑，不敢照镜子，其实我从来都没有看过自己是丑还是俊，因为我妈把我眼睛蒙上了，她不让我看自己。而且我一直觉得自己很矮，事实却是，我在我们家三兄弟中是最高的，但是我内心一直觉得自己很矮很瘦，140多斤的体重，去买衣服永远都让店员拿小号的给我试。

小沈：你的亲生母亲给你带上了眼罩，让你裸奔了45年而你不知道。那么现在你知道了，你恨她吗？

老朱：中间有段时间特别恨，就是当我意识到这个问题的时候，两年没跟她一起吃过饭，也没和我妈有关的任何人吃过饭，如我的兄弟姊妹及他们的后代。我拒绝和他们来往，因为我不敢看到他们，他们是看我没穿衣服时间最久的人。我经常跟我爱人说，那是我妈她们家的人，我恨不得把自己身上流的跟他们有关的血都抽出来倒了。

其实我妈给我蒙上了眼睛，我丢人现眼也就罢了，最关键的是我妈把我折磨疯以后，我亲手以一个疯子的姿态去生了一个孩子，然后把这个小孩关在一个阴森的房间里面，继续以折磨她为乐。我以为自己很爱她，可每天都去翻臭垃圾给她吃，后来我明白了，其实我只是为了感动自己。

小沈：那在意识到自己是个疯子之前和在治好自己的疯病之后呢，你对你妈的情感发生了怎样的变化？

老朱：在这之前，也就是 45 岁之前，我是天下第一妈宝男，我把一个农村老太太能够享受到的所有高端生活全部安排完。物质上，会把力所能及的所有东西都给她；精神上，出人头地，给她挣足了面子，任何时候她跟我前妻发生分歧，我都会毫不犹豫地站在她那边。

那么现在，这本书快要出了，我跟她已经完全和解了，确切地说，是跟我自己和解了。我很清楚，我 46 岁前是个疯子，现在好了，穿好了衣服，干干净净的，我把那个疯子捡回来，把他的病治好，照顾好他。

至于说我妈，她在我生活的城市住着，我每隔一段时间去看看她，给她几千块钱，让她尽量生活得好一点。她 86 岁，行将就木的年龄，再去恨她也没有意义，而且我不是为了不恨才不恨，是真正地原谅了、放下了。我治好了自己，内心已无仇恨，对任何人都没有。

小沈：你曾说，如果通过写这本书能让你跟女儿和解，那么它价值 10 亿元都不止，没想到结果竟真的实现了！说到这儿，感觉有点像传销、神秘主义了。那么，到底你跟女儿之间是怎么和解的？这个过程是怎样的呢？

老朱：说来神奇，我们父女和解的过程，就像开一条隧道，我从山的这边开，她从山的那边开，几乎是同时打通到中间会师。就是我们在同一时段里意识到了，老朱原来是个疯子。后来我女儿说，既然是疯子，我更值得同情和怜悯，而不是憎恨。当我们都意识到这个的时候，就很自然地和解了。

坦白说，我觉得父女之间还是心有灵犀的，就是我在女儿跟我断绝关系的 6 年中，从来都没有怪过她一次，我在任何场所都会跟别人说，不怪她呀！我坚持用写书的方式来拷问自己、来找到答案。那么，最终我找到了，答案就是我病了，我是个病人，是个疯子！

你想想看，当一个人发现自己是疯子，原来每天把自己的小孩关在房间里面，其实我特别后怕。我会想，我女儿，一个孩子，每天看着一个疯子，一脸脏兮兮地、血头血脸地从垃圾桶里拣馒头回来，硬要往她的嘴里塞，这种恐惧……我首先会站在她的角度想，跟她找到同感。

与此同时，我女儿在英国，也面临同样的疑问："为什么会有一个疯子每天晚上要给我馒头吃？"这是她爸呀！她是小孩，一开始她也不知道我是疯子，我是她在世界上见到的第一个男人，对小孩而言，她不知道她见的第一个人就是疯子。

后来我女儿在英国，开始学习心理学，渐渐地她也就知道了，她爸爸原来是疯子。这个时候，她只是感到后怕，不再恨我了。很快，她就会像我体会她的感受一样，转过来体会我：我爸是个疯子，那他在外面会不会被人欺负？会不会有好心人给他穿上衣服？就跟你一样，如果哪天你发现自己爸爸是疯子，有人跟你说他在广东，你的第一反应是什么？对，赶紧去找他！

所以去年暑假，这本书快写完的时候，我真诚地给她写了封道歉信，这书里面会有，然后我寄给她。她后来跟我说，当她看完信的时候，特别想给我回信。但她没写，是因为，她的原话是："我怎么知道你现在好了呢？如果你还是一个疯子，我去对一个疯子表达怜悯，我不是有病吗？"

所以，写这本书对我个人而言，最大的功德就在这里，跟自己的女儿和好，并把自己变成了一个全新的人。所以，我特别想把这份功德传递出去，如果有一个人因为这本书，改变了跟自己孩子的关系，改变了自己对待子女、对待爱人的方式，那么我会觉得我所有经历的苦难都值得，我会感到万般欣喜。

小沈：你对你母亲现在是零情绪，那么你女儿对你呢？现在又是什么样的感觉？

老朱：我女儿是个很开放很好玩的孩子，她说，我现在完全可以接受你，可以理解你，但你总不能让我喜欢你吧？我不能欢欣鼓舞地说我看见我爸是疯子！她说她不可能那样。

她说，尽管她也接受了这个现实，她爸曾经是病人，但是她仍然感到后怕，她的原话是："还好你当年是追着给我喂馒头，万一你抱着我跳楼怎么办？"

小沈：跟女儿和好，给你之后的生活带来了什么影响？

老朱：首先，对我而言，它是一个很大的信心上的建设，是一次强有力的赋能。比如，我现在面对很多问题，都会觉得，连这个坎儿都过了，还有什么过不了的？你知道这个坎儿对我有多大吗？6年哪！自己的女儿！关键是我原来对她那么好，常人难以想象的好！

除此之外，最重要的是，跟女儿和好，对我来说还是一种彻底的解脱。你知道吗？她不理我的那6年，独自在英国，我担心的不是她不理我，而是她在英国会不会自残，会不会犯罪，会不会吸毒，会不会自我放弃。那对我的刺激才大，她回来捅我一刀都没关系！之所以我现在愿意出这本书，也是基于此，我相信它的内容价值能够帮到一些读者。

小沈：说个真实的感受，就是当你讲馒头故事的时候，尽管它是个比喻，我仍然会感到毛骨悚然，不是因为你描述的情景有多可怕，而是我会情不自禁地把自己带到那个情景当中，好像被掐着脖子喂臭馒头的人是我。

老朱：你说对了小沈。你想想看，我对女儿好成那样，都在找自己的问题，在找自己疯的时候有多吓人。而你们呢？更恐怖，我们的孩子大多数都是和疯子一起生活的，我们所有的动作都是为了适应疯子的喜好，我们就是那样长大的，只是我们自己不知道，还觉得挺好。

其实，不仅是你，包括正在看这本书的读者，即便他现在正站在书店里面，或者正坐在自己的家里面，我看不到他，但我希望他知道一个事实，就是：你身上的很多动作、很多语言、很多习惯，都是跟疯子学的，包括你走路的姿势、你夹菜用哪只手，很可能都是为了让那个疯子不打你，只是你自己不知道而已。

小沈：你这么说会不会吓到读者，人家可能会把书给扔了。

老朱：以下的话我要对读者说：之所以你能看到我现在说的这番话，那大概是因为你不是一个完人，你可能会觉得自己哪里没对，所以才会在茫茫书海中翻开这本书。但是你到底哪里没对呢，要看完这本书才知道，你要去找答案，填完它就是最好的路径。当然你也可能会拒绝填，或者填不完，甚至在填的过程中对自己撒谎，这都是有可能的。

假设说，你已经觉得自己哪里没对，有可能是个疯子，然后你再来想象一个画面：你有一个孩子，现在三岁，正躺在床上，突然之间从外面来了个疯子。他一脸都是泥，泥里还混着血，头发也乱糟糟的，手里抓着一个发臭的包子，那个包子是他刚从垃圾桶扒出来的。然后，他走到你的孩子面前，笑嘻嘻地对她说："吃吧，吃下去，你要是不吃就是不听话，你要是不吃我就会杀了你！"

你能想象吗？那个时候，你小孩的心理感受是怎样的？是你小孩的心里难受，还是你自己发现了疯子更难受？哪件事情你更不能接受？如果你觉得没关系，那你行，你将一直是个疯子。

所以，每当你填不下去，感到没有耐心，就请你想象一下这个画面，然后把本书封底的那八个问题拿出来再问自己一遍。

小沈：假设我们的读者看到第 50 页、第 60 页或者第 180 页的时候，也发现了自己是个疯子，那么他一定会问：老朱，我这个病到底该怎么治呢？

老朱：任何一个人只要意识到自己是疯子，他的病很快就会好了，因为他就会否定自己了！就是你原来做的所有的事情，你认为对的、你喜欢的、你坚持的、你依恋的……都把它否定就好了。比方说，如果你抽烟，你就会知道，"不应该抽烟，因为我原来是疯子，所以才抽烟"；比方说，如果你特别依恋你妈，你就会知道，"不能依恋我妈，因为我以前是疯子"……

就跟我一样，当我对自己来一个彻底的否定，我就会成为一个戒烟、戒酒、戒妈、戒爸、戒哥、戒姐、戒同学、戒同事……我 45 岁之前认识的人几乎全部戒完，原来所有我认为对的事情全部戒掉，比如说大话、开快车、打麻将、用钱买自尊等，全部不要！否定自己，没有中间地带，你会发现，焕然一新其实并没有那么难。

小沈：就像蝴蝶一样，过去的一切全部否掉，甚至连跟毛毛虫生活的区域都不一样，连行走的方式都不一样了。

老朱：对，我们来想象一下，一只毛毛虫，它原来的生活形态是：1. 爬；2. 趴在树叶上，不停地吃。不是在吃，就是在吃的路上。

可一旦变成蝴蝶了，毛毛虫所有的形态、生活方式、时间、空间、朋友、爱好全部都没了。蝴蝶是从毛毛虫变来的，但你会发现蝴蝶跟毛毛虫之间除了肉体基因有关系，没有任何关联和相似之处。它们是在完全不同的两个世界，这两个世界是有屏障的，是没法沟通的，就像你没办法向一只毛毛虫解释蝴蝶有多自由，也没法向一只蝴蝶解释说她昨天是毛毛虫，它们是两个物体，语言不通，彼此都不知道对方在干什么、为了什么。

就像我现在一样，很多朋友说“这个人写完一本书就脱胎换骨了”，是真的，我甚至连肉体都变了，我现在回去洗完澡照镜子，都回忆不起来以前的身材是什么样子。

举个最简单的例子，我从高三开始抽烟，每天一包，后来每天两包，等于我抽了 30 年的烟。那我后来，也就是 2016 年，开始写这本书的时候，就把烟戒了，说戒就戒了。直到现在，快三年了，我对抽烟几乎已经丧失了记忆。当我在会议室里坐着，一大群人都在我面前抽烟，我会忘记自己是个戒了烟的人，好像我从来就没有抽过烟似的。

对于我们的读者而言也是一样的，当你读这本书、填完这本书，如果是花了比较长的时间去思考，并且是花了比较长的时间去改变，那么在完成它之后，你可能真的回忆不起来自己以前是个什么样子，你可能真的就会变了一个人，成了一个新人。

小沈：可化蝶的过程不是谁都能坚持下来的，就像不是每只毛毛虫最后都能化成蝴蝶。

老朱：对，这个过程很痛。毛毛虫本来是个蠕动的丑陋的东西，它在蛹里面发生了什么，最后就长出了翅膀、长出了眼睛、长出了触角，没有人知道。实际上，就像我一样，它可能在蛹里面用力，也可能是在里面哭。

你知道它最痛苦的是哪一天吗？就是它翅膀长出来，身体还在毛毛虫那个皮里的时候，就是它的前半身已经是蝴蝶，后半身还拖着一个毛毛虫尾巴的时候。那一瞬间特别痛苦，它特别想逃离，想飞出去，越远越好。

实际上，这个世界上 90% 的大事情都是只可意会不可言传的，就像这本书你填完你都没办法跟别人讲，没办法跟人分享你的内心经历了什么，因为当你已不再是毛毛虫的时候，还怎么跟毛毛虫交流呢？你们的语言已经不通了。

小沈：化蝶的过程是无比痛苦的。那么化蝶以后呢？来，分享一下你现在的喜悦。

老朱：我先来定义一下什么是毛毛虫。你想象一只毛毛虫，它是什么状态？每天都趴在树叶上，很忘情地吃吃吃，然后就死了。我们说毛毛虫，就是指那些生命没有觉醒的人，不知道什么是错误、什么是羞耻、什么是生命、什么是爱。他们活在世界上，多生存一天就只意味着来多吃了三顿饭、多睡了八个小时、多说了一百句话，过35岁和过36岁没有任何区别，除了满足自己的贪欲：金钱、性欲、官位……没有别的课题。

而蝴蝶呢？一只蝴蝶，想象一下，它每天会有什么样的感觉？第一，它很放松，因为它不用像蜜蜂那样，嗡嗡嗡，每天不停地忙；第二，它很自由，想飞哪儿飞哪儿，不再被过去所羁绊，因为它已经忘了自己是毛毛虫变来的，所有的毛毛虫它都已经不认识了；第三，它也不着急，毛毛虫会不停地吃，而蝴蝶已经不用再为生存蝇营狗苟，可以尽情享受阳光雨露了；第四，它只跟美的东西打交道，蝴蝶只跟蝴蝶在一起玩，只跟花一起工作，蝴蝶是不会跑到尸体上去的，它只会过最美丽的生活；第五，它也不犯错误，不伤害周边任何人，做的每件事都对别的物种有益。

那么我现在，就很真实地享受做一只蝴蝶的状态。一个商人，不行贿，所以没有危险；不偷税，所以睡得着觉；不撒谎；每天三顿饭都在家吃；五年不跟爱人吵一次架，爱人说什么都可以嬉皮笑脸地应对；准时上班，每天在办公室研究的都是如何帮助别人。

小沈：恭喜你朱老师，总算破茧成蝶，走入了生命的自由之境。也恭喜我们的读者，能够翻开这本书，能读到这儿，就证明已经觉得自己哪里没对、有可能是毛毛虫了。假设毛毛虫有一百只脚的话，他们起码有一只脚已经在开始蜕变了。

老朱：对，我也由衷地祝福大家，为大家感到欣喜。我们说一只毛毛虫化成蝴蝶，并不是说毛毛虫觉得蝴蝶很舒服、很美、很自由，不是的。是它觉得自己哪里不对了，它长到那儿了，它发育到那儿了，它就会变。它是哪一天突然在露水的倒影中看到自己，觉得不舒服的时候，才开始尝试着伸出一只脚，结果那只脚一伸，就可能伸到皮的外面，慢慢地它就脱下了丑陋的衣服。

就像我们的读者，他现在拿到这本书，只要动手填第一个问题，就会填第二个，他会填下去的，因为他是带着后面那八个问题来的，他已经觉得自己哪里不对了。其实我通过写这本书，把自己变成了一个新的人，也跟女儿达成了和解，我说写书可以救命，不是闹着玩儿的。如果你像我一样，去写，去把自己问到底，每个问题都找到答案，相信你也可以给自己一个全新的生命，给自己一个全新的家庭，也给孩子一次全新的成长机会。

小沈：最后，请用一句话描述，这是一本怎样的书？

老朱：在我看来，这是一本可以让自己再也不用害怕的书。

你真把它写完了，每个问题都把自己问到底，并且都找到答案了，那么，这个世界上就已经没什么事情好令你害怕了，就跟我一样，连死都不怕了。

我解释两句，中国有句古话叫“朝闻道，夕死可矣”，对一个疯子而言，当你发现自己疯了45年都被治好了，那一瞬间，你会觉得特别幸运，哪怕只头脑清醒地过了一天，你也会觉得很值！

【这是一个有钱又有趣的人】

朱亚，大家都叫他老朱，48 岁，江苏徐州人，现定居成都，成都力道广告公司董事长、成都德商集团独立董事。

他是一位父亲，疯狂地对待自己的女儿，女儿出生那天，抱着她在产房里发誓，绝不让她长大后参加中国的高考。

他是一位父亲，因为跟女儿打赌，证明自己很爱她，年薪 30 万元时就买下一套独栋别墅给她住。

他是一位父亲，女儿说不想上学就可以不上，5 年时间全部自己在家教。

他是一位父亲，因为女儿在家交不到朋友，就自己出钱办了一所学校给她上。

他是一位父亲，是女儿的铁杆闺蜜，女儿发育时会指着胸脯问他：怎么样？大不大？

他是一位父亲，离婚时净身出户，把全部家产都给了女儿，让她去英国选最贵的学校，还承诺每年都会给她交学费。

他是一位父亲，最落魄时借高利贷给女儿读书、生活，一年 100 万元的费用。

就是这样一位父亲，因为离婚，女儿 6 年没和自己联系。为了探求问题究竟出在哪里，用自问自答的方式，写下了 48 年的心理变化过程，最后，和女儿、和自己，达成了光荣的和解。

现在的他，开办了一档心理学广播节目，免费播出 4 年，每天半个小时，用广播形式帮助中国数千家庭走出迷局。

现在的他，从自己的悲惨童年出发，梳理出中国教育所存在的问题，制作成音频专辑，帮助上千父母走出了养育误区。

现在的他，坚持每天研究汉字。他认为，汉字不仅有意思，还有一套朴素美好的价值体系，教育要从认字开始。

现在的他，成立了自己的心理学实验室——不一样文化，出版了国内第一本心理自救书籍《神秘问卷》，发明了国内第一套心理学自救手册，包括救自己、救伴侣、救孩子。目前，自救手册已全国上市。

现在的他，把每一天都当最后一天来过，工作时高效专注，生活里温暖风趣。他说，“人生的上半场，我从失败走向了成功；中场，我从成功走向了幸福；下半场，我将从幸福走向有意义”。

他就是朱亚，一个精通房地产的商人，开着几百万元的车子，住着几千万元的房子，用成都话说，生活过得特别“肥实”；他也是一个思想尖锐的文人，犀利、深刻，但又总是嘻嘻哈哈，话痨还很幽默，讲学术时都胖萌胖萌的；他还是一位无师自通的心理学家，热情、悲悯，对人知无不言、言无不尽，最怕的就是别人不问他问题：“有什么问题你问哪！你不问我我怎么帮助你呢？”

好玩的是，私底下，他还是一位克己复礼的生活家，46 岁以后就坚持“十不”生活守则：不撒谎、不行贿、不陪客户吃饭、不乱扔垃圾、周末不工作、晚上七点以后不工作、国内出差不过夜、一天三顿饭不在外吃、不上网、不跟任何人吵架。

然而，最最重要的是，他是一位父亲，和大多数父亲一样，在养育孩子的过程中犯过错，有些还比较严重，不一样的是，每一个错误，他都不为自己开脱，坚持要找到答案：是什么？为什么？怎么做？——因此就有了这本书。

读到这儿，是不是感觉有点吹？可事实就是如此呀，一句话概括，这就是个有趣的、有爱的人。

【大结局】

至此，本书涉及的三个话题（爱伴侣、爱孩子、爱自己）已经叙述完毕。

如果你能按顺序、按要求读到这一页、写到这一页，那么：

你已经重获新生了。